T0349543

Depression

Thomas Haenel

Depression

Leben mit der schwarz gekleideten Dame

Wichtiger Hinweis für den Benutzer
Der Verlag und der Autor haben alle Sorgfalt walten lassen, um vollständige und akkurate Informationen in diesem Buch zu publizieren. Der Verlag übernimmt weder Garantie noch die juristische Verantwortung oder irgendeine Haftung für die Nutzung dieser Informationen, für deren Wirtschaftlichkeit oder fehlerfreie Funktion für einen bestimmten Zweck. Der Verlag übernimmt keine Gewähr dafür, dass die beschriebenen Verfahren, Programme usw. frei von Schutzrechten Dritter sind. Die Wiedergabe von Gebrauchsnamen, Handelsnamen, Warenbezeichnungen usw. in diesem Buch berechtigt auch ohne besondere Kennzeichnung nicht zu der Annahme, dass solche Namen im Sinne der Warenzeichen- und Markenschutz-Gesetzgebung als frei zu betrachten wären und daher von jedermann benutzt werden dürften. Der Verlag hat sich bemüht, sämtliche Rechteinhaber von Abbildungen zu ermitteln. Sollte dem Verlag gegenüber dennoch der Nachweis der Rechtsinhaberschaft geführt werden, wird das branchenübliche Honorar gezahlt.

Bibliografische Information der Deutschen Nationalbibliothek
Die Deutsche Nationalbibliothek verzeichnet diese Publikation in der Deutschen Nationalbibliografie; detaillierte bibliografische Daten sind im Internet über http://dnb.d-nb.de abrufbar.

Springer ist ein Unternehmen von Springer Science+Business Media
Springer.de

© Spektrum Akademischer Verlag Heidelberg 2008
Spektrum Akademischer Verlag ist ein Imprint von Springer

08 09 10 11 12 5 4 3 2 1

Das Werk einschließlich aller seiner Teile ist urheberrechtlich geschützt. Jede Verwertung außerhalb der engen Grenzen des Urheberrechtsgesetzes ist ohne Zustimmung des Verlages unzulässig und strafbar. Das gilt insbesondere für Vervielfältigungen, Übersetzungen, Mikroverfilmungen und die Einspeicherung und Verarbeitung in elektronischen Systemen.

Planung und Lektorat: Katharina Neuser-von Oettingen, Anja Groth
Herstellung: Detlef Mädje
Umschlaggestaltung: wsp design Werbeagentur GmbH, Heidelberg, unter Verwendung eines Bildes von: Macke, August „Dame in grüner Jacke" (1913) © The Yorck Project (Datenbank zur Geschichte der Malerei)
Satz: Crest Premedia Solutions (P) Ltd., Pune, Maharashtra, India
Druck und Bindung: Krips b.v., Meppel

Printed in The Netherlands

ISBN 978-3-8274-2013-8

Inhaltsverzeichnis

Dank

Es ist für mich Freude und Pflicht zugleich, allen denen zu danken, die einen Beitrag zur Entstehung dieses Buches geleistet haben. Vor allem danke ich meinen Patientinnen und Patienten, die mich in ihrer depressiven Verzweiflung und Hoffnungslosigkeit so manches gelehrt und mir vieles aufgezeigt haben. Auch wenn es für mich nicht immer einfach war, das verbal oder nonverbal zum Ausdruck Gebrachte richtig einzuschätzen, so gehört dies gerade zum therapeutischen Alltag und zur ärztlichen Kunst, der man immer nur unvollkommen gerecht wird.

Zu Dank verpflichtet bin ich meinem Freund und Kollegen Dr. Paul Stronegger, Saltnes (Norwegen), der sich die Mühe genommen hat, das ganze Manuskript durchzuarbeiten. Wertvolle Hilfe erfuhr ich auch von Frau Dr. Angelika Austerhoff-Schneider in Düsseldorf, der ich meinen Dank ausspreche. Danken möchte ich auch den Herren Professoren Dr. Raymond Battegay und Dr. Franz Müller-Spahn in Basel, die sich freundlicherweise die Mühe genommen haben, einzelne Kapitel dieses Buches kritisch durchzulesen. In gleicher Weise bedanke ich mich auch bei Herrn Dr. Thomas Jeck, Basel, und bei meinem im August 2007 viel zu früh verstorbenen Bruder, Dr. Andreas F. Haenel (Solothurn), für die Durchsicht je eines Kapitels.

Meine Sekretärin, Frau Esther Eichenberger, hat mit größter Zuverlässigkeit den Text zu Papier gebracht und hat auch mit großer Geduld das Literaturverzeichnis zusammengestellt. Dafür danke ich ihr ganz herzlich.

Basel, im Mai 2008

1 Einleitende Bemerkungen

Die Depression kann mit einer in schwarz gekleideten Dame verglichen werden. Wenn sie kommt, so weise sie nicht weg, sondern bitte sie zu Tisch als Gast und höre, was sie Dir zu sagen hat.

(wird C.G. Jung zugeschrieben)

Noch nie wurde so viel von Depressionen gesprochen, noch nie war der Begriff derart im Zentrum öffentlichen Interesses wie heute. Dieser Sachverhalt ist insofern bemerkenswert, als das Krankheitsbild einer Depression uralt ist: Es existiert vermutlich so lange wie die Menschheit. Der Begriff Depression leitet sich aus dem Lateinischen her, von *deprimere* (hinunterdrücken). In früheren Jahrhunderten wurde häufiger der Begriff Melancholie verwendet, der erst seit dem 19. Jahrhundert ungefähr dem Begriff der heutigen Depression entspricht. Seit etwa der zweiten Hälfte des 20. Jahrhunderts können Depressionen erfolgreich behandelt werden, also seit dem Beginn der Ära der Psychopharmaka. In früheren Jahrhunderten war man auf andere Methoden angewiesen, so zum Beispiel wurden in der Renaissancezeit besondere Diäten zur Behandlung dieser Krankheit empfohlen, leichtes Fleisch, frische Eier und Süßwasserfische. Letztere deshalb, da sie aus klarem Wasser stammen und gut verdaulich seien. Unter den Früchten nahm die Traube eine besondere Stellung ein: Noch während Jahrhunderten galt die Traubenkur als eine beliebte Behandlung gegen Depressionen [134 + 49]. Diese Traubenkur hatte durchaus eine gewisse Berechtigung, weil dem Zucker für unsere Befindlichkeit eine besondere Bedeutung zukommt. Manchmal erzählen Patienten, die an depressiven Verstimmungen leichterer Art leiden, dass ihnen der Genuss von dunkler Schokolade für einige Stunden hilft und sie sich danach etwas wohler fühlen. Der Zucker wirkt im Gehirn über die gleichen Systeme wie Opiate, wenn auch schwächer. Den Genuss von Zucker und von Süßigkeiten registriert das Gehirn als angenehm, ganz ähnlich verhält es sich mit dem Botenstoff (Transmitter) Serotonin, von welchem im Kapitel 18 „Psychopharmakotherapie" die Rede sein wird. Zucker bewirkt eine Vermehrung von Serotonin im Gehirn, und so gesehen könnte man sagen, dass dem Zucker eine gewisse „antidepressive" Wirkung zukommt: Bei Depressionen liegt ja – etwas vereinfacht ausgedrückt – ein Serotoninmangel im Gehirn vor [75]. Im 17. und 18. Jahrhundert kam die Musiktherapie wieder zu Ehren, nachdem sie schon im Altertum bekannt gewesen und gegen Depressionen eingesetzt worden war. Im 19. Jahrhundert wurde Opium gegen Depressionen empfohlen, ein Mittel, das sich fast bis zur Mitte des 20. Jahrhunderts zu halten vermochte.

Depressionen machen vor niemandem Halt: Sie suchen Reiche und Arme heim, intelligente und weniger intelligente Menschen, und sie kommen in allen Ländern der Welt vor, also nicht nur in unserer westlichen Zivilisation. Dass zur Zeit des Kalten Krieges in der Sowjetunion vor ca. 50 Jahren behauptet wurde, es gebe dort keine Depressionen, war eine politische und keine medizinische Aussage, und zwar im Sinne von: Was es nicht geben darf, existiert auch nicht.

Das depressive Erleben ist äußerst qualvoll und man kann durchaus davon ausgehen, dass die Depression, vom subjektiven Gesichtspunkt aus, die schwerste Erkrankung überhaupt darstellt, die einen Menschen befallen kann. Immer wieder wurde von Künstlern diese Krankheit plastisch und eindrucksvoll dargestellt: Ich erwähne lediglich das Beispiel von Arnold Böcklin, der das Bild *Melancholia* malte: Eine junge, traurig aussehende Frau sitzt in einer farbigen Landschaft und hält einen Spiegel in der Hand, in dem alles dunkel und düster erscheint. Die farbige Umgebung sieht und beachtet sie nicht, sie starrt immerzu nur in den Spiegel. Die Situation eines depressiven Menschen wird mit diesem Kunstwerk treffend zum Ausdruck gebracht [55, S. 57]. Verschiedene Maler haben die Körperhaltung von Depressiven klinisch korrekt wiedergegeben:

Nicht selten wurden sitzende Figuren gemalt, welche ihren schwer gewordenen Kopf in die Hände stützen müssen. Der Kopf ist nach vorne gebeugt, die Schultern hängen herunter, und es fehlt geradezu an Kraft, den Kopf in die Höhe zu halten. Nicht selten wird auch ein gekrümmter Rücken dargestellt, der die ganze Situation noch besser zum Ausdruck bringt [109].

Die Depressionen sind sehr häufig, sie sind die häufigste psychische Erkrankung überhaupt, gefolgt von den Angststörungen, die manchmal zusammen mit Depressionen auftreten können. Laut einer größeren Studie in sechs EU-Ländern an 22 000 Personen leiden 25 % der über 18-jährigen Europäer mindestens einmal im Leben an einer psychischen Störung (häufig an einer Depression) [56]. Leider werden Depressionen und Angsterkrankungen oft von Ärzten nicht rechtzeitig erkannt, dadurch erhalten die Betroffenen keine oder keine optimale Therapie. Allerdings hat sich die „Sensibilisierung" der Hausärzte für Depressive in den letzten Jahren gebessert. Viele Depressive suchen aber keinen Arzt auf. Die oben erwähnte Untersuchung ergab, dass 63 % der Befragten mit Depressionen und 74 % mit Angststörungen trotz wesentlicher Beschwerden in den letzten 12 Monaten keinen Arzt aufgesucht hatten. Nur ein kleiner Teil, 12 % der Depressiven, hat eine Behandlung erhalten, die als adäquat zu betrachten war (Kombination von Medikamenten und Psychotherapie). Trotz aller Aufklärung scheuen sich noch immer viele Menschen mit depressiven Symptomen, einen Arzt aufzusuchen und darüber zu reden. Der Glaube, diesem Leiden mit Härte und Disziplin beizukommen, sitzt noch immer tief. Die Depression ist nicht nur ein qualvolles Leiden, sondern kann besonders dann gefährlich werden, wenn Suizidgedanken und entsprechende Impulse auftreten. Das Suizidrisiko ist bei Depressiven am größten. Die Beeinträchtigung im täglichen Leben ist bei Depressiven dramatisch, zudem kann die Krankheit mit vorzeitigem Tod verbunden sein, auch ohne dass es zu Suizidhandlungen kommt, da sie den Heilungsverlauf anderer körperlicher Erkrankungen verzögert und verschlechtert [56, S. 13].

Die C.G. Jung zugeschriebene Aussage (es ist sehr fraglich, ob sie wirklich auf ihn zurückgeht), die diesem Kapitel als Motto vorangestellt ist, bedeutet Verschiedenes: Zum einen soll die „Dame in Schwarz" ernst genommen werden: Sie kann nicht abgewiesen oder verdrängt werden. Zum anderen ist eine Auseinandersetzung, ein

Sich-Befassen mit der Depression absolut notwendig. Diese kann im persönlichen Leben ein Markstein sein, sie kann ein Zeichen sein, etwas zu verändern, das Leben anders anzupacken als bisher. Freilich ist eine solche Auseinandersetzung in der tiefsten Tiefe der Depression nicht möglich. Später jedoch, wenn das Leiden sich aufzuhellen begonnen hat, ist es eine sinnvolle Pflicht, eine Notwendigkeit, der sich niemand zu entziehen versuchen sollte.

Ich bin mir bewusst, dass eine ganze Anzahl von guten Büchern zum Thema Depression existiert. Mit dem vorliegenden Werk beabsichtige ich, die vielen Facetten, die vielen Gesichter der Depression, aufzuzeigen, die meistens in den üblichen Werken über Depression zu kurz kommen oder keine Erwähnung finden. Als Beispiel sei das Chronic-Fatigue-Syndrom erwähnt, die manisch-depressive Erkrankung, das Stalking, Depressionen rund um die Geburt, saisonale Depressionen und posttraumatische Belastungsstörungen. Mein Ziel ist nicht, eine voll umfassende Information zum Thema Depression zu bieten – dies wäre auf diesem knapp bemessenen Raum auch nicht möglich –, sondern eine allgemeine Übersicht zum Thema Depression zu vermitteln sowie Aspekte herauszuarbeiten, die in anderen Werken nicht oder nur ungenügend zur Sprache kommen und die eben auch zu diesem Thema gehören wie etwa das Kapitel 16 „Vorurteile gegen Depressive und gegen Therapeuten". Auch unter den Therapieformen kommen solche zur Sprache, die in anderen Büchern, die für Laien geschrieben wurden, keine Erwähnung finden. Es war mir auch wichtig, Beispiele zu erwähnen und so den Bezug zur Praxis herzustellen.

Die Kapitel können auch einzeln, jedes für sich gelesen werden, da sie in sich abgeschlossen sind. Wenn dieses vorliegende Buch selbst nur wenigen Betroffenen helfen sollte, ihre Krankheit zu erkennen und erfolgreich behandeln zu lassen, so ist sein Zweck erfüllt.

Mein Text entspricht nicht immer der „Geschlechtsneutralität". Ich habe häufig die männliche Form verwendet, die weibliche ist weniger oft zum Zug gekommen. Dies geschah deshalb, weil sonst der Lesefluss gestört und behindert wird. Die manchmal gekünstelten Bemühungen um „Geschlechtsneutralität" haben mich nicht zu überzeugen vermocht.

2 Was ist eine Depression?

Vor die Therapie haben die Götter den Schweiß der Diagnose gesetzt!

Viele sind sich nicht im Klaren, was eine Depression wirklich bedeutet, was sie charakterisiert. In der Umgangssprache wird der Begriff missverständlich und teilweise falsch verwendet. Kürzlich sagte Günther Jauch in der bekannten Sendung *Wer wird Millionär?* im Fernsehen zu einer Kandidatin, welche die richtige Antwort nicht wusste und ihre Miene verzog: „Jetzt werden Sie nicht gleich depressiv!" Er meinte damit, dass sie nicht den Mut zu verlieren brauche, da sie immer noch einen Joker hatte. Eine Depression ist aber etwas ganz anderes: Ein Zustand, der nicht nur einen Moment lang dauert, sondern in der Regel Wochen oder Monate. Die Betreffenden befinden sich in einem Zustand mit einer „übertraurigen" Grundstimmung, in der keine Freude mehr empfunden werden kann, wo jede Entscheidung zu einem riesigen Problem wird, wo die Gedanken unaufhörlich um pessimistische Inhalte kreisen und die Psychomotorik verändert ist. Depressive Menschen sehen alles durch eine dunkle Brille, sie haben eine verzerrte Optik, fühlen sich innerlich leer, das Selbstwerterleben ist abgestorben oder kaum mehr vorhanden. Selbst kleinere Vorhaben, bescheidene Arbeiten, die zuvor mühelos getätigt wurden, wachsen zu unüberwindlichen Problemen an. Manche Patienten berichten zum Beispiel, dass sie die Nachrichten im Fernsehen nicht mehr anschauen und hören können, da sie die vielen negativen Berichte unerträglich finden und sie ihnen zu sehr unter die Haut gehen, die, bildlich gesprochen, sehr dünn geworden ist. Jedes noch so kleine Problem, jede bescheidene Anforderung kann Unlust, Hilflosigkeit und Unvermögen auslösen. Selbst alltägliche, bescheidene Aufgaben fordern eine Entscheidung, welche die Depressiven nicht oder nur mit größtem Aufwand zu treffen vermögen. Manche klagen über ein „Gefühl der Gefühllosigkeit", sie können zum Beispiel nicht mehr weinen, obschon sie zutiefst depressiv sind. Oft wird dieser Zustand von der Umgebung falsch interpretiert: Wenn sich das Befinden der Betreffenden bessert und sie wieder Tränen vergießen, wird dies fälschlicherweise als Verschlechterung eingestuft, obschon es ein Zeichen der Besserung sein kann. Die depressiven Zustandsbilder gehen in der Regel einher mit Schlafstörungen, oft kommt es auch zu einem Appetit- und Libidoverlust sowie anderen sexuellen Störungen. Zudem ist die Erinnerung selektiv auf negative Erlebnisse eingestellt.

Oft ist die Psychomotorik eine ganz andere als zuvor: Die Depressiven gehen unruhig hin und her oder sie ziehen sich zurück und bewegen sich kaum. Das Gefühl, nichts wert zu sein, das Entstehen einer narzisstischen Leere führt dazu, dass das depressive Erleben subjektiv zu einer extrem qualvollen Krankheit werden kann [55].

Ein zusätzlicher Belastungsfaktor bei der Depression ist häufig eine unbestimmte Angst, die das Erleben zusätzlich belastet und zur Qual macht. Manchmal geht die Angst einem depressiven Geschehen voraus. Zu den häufigen psychiatrischen Krankheiten gehören die Angststörungen: Sie werden oft vom Allgemeinarzt übersehen oder nicht richtig diagnostiziert und sind nicht selten vergesellschaftet mit depressiven Störungen. Zu den Angststörungen, auf die wir im Einzelnen in diesem Rahmen nicht eingehen können, gehören die Panikstörungen (Panikattacken), die Phobien sowie die generalisierte Angststörung. Als spezielle Angststörung muss auch die posttraumatische Belastungsstörung erwähnt werden, der ein eigenes Kapitel gewidmet ist. Das Lebenszeitrisiko, an einer Angststörung zu erkranken, beträgt etwa 20 % (Lebenszeitprävalenz). Bei der Hälfte der Menschen, bei welchen eine Angststörung ausbricht, manifestiert sich die Krankheit vor dem 18. Lebensjahr [151]. Gemäß einer europäischen Studie sollen von 100 Patienten mit Angststörungen lediglich 26 eine Behandlung aufsuchen, von welchen sechs keine adäquate Behandlung erhalten [151].

Depressionen werden heute häufiger diagnostiziert als früher. Dies hängt nicht nur damit zusammen, dass in den letzten Jahrzehnten in der Depressionsforschung große Erfolge erzielt werden konnten, sondern auch damit, dass die betreffenden Patienten sich heute eher behandeln lassen als früher. Allerdings geschieht dies primär nicht durch die Psychiater und Psychologen, sondern in der Regel durch Hausärzte, welche die erste Anlaufstelle für solche Patienten sind. Im Zunehmen begriffen sind besonders die psychogenen Depressionen, also diejenigen, die als „umweltbedingt" bezeichnet werden können. Die übrigen Depressionsformen sind über verschiedene Jahrzehnte etwa gleich häufig anzutreffen, so etwa diejenigen, die früher als endogen bezeichnet wurden und auf einer erblichen Disposition beruhen, und die organisch bedingten Depressionsformen (die aufgrund einer körperlichen Erkrankung entstehen). Für die Zunahme der psychogenen Depressionen können verschiedene Gründe angeführt werden, so etwa der zunehmende Druck am Arbeitsplatz, der drohende Stellenverlust sowie auch zu rasche Veränderungen in den Strukturen von Familie, Gesellschaft und Umwelt.

Oft bereitet es den Laien Mühe, eine Trauer von einer Depression zu unterscheiden. Was sind die Unterschiede? Natürlich existieren Übergänge, Grauzonen zwischen Trauer und Depression. In der Tat ist es manchmal schwer abzugrenzen, ob wir lediglich einen traurigen Menschen vor uns haben oder einen depressiven. Dennoch handelt es sich grundsätzlich um zwei verschiedene Befindlichkeiten. Während die Trauer ein normalpsychologisches Phänomen ist, handelt es sich bei der Depression um ein krankhaftes Geschehen. Die Trauer ist ein Zustand, in welchem das einem widerfahrene Leid gefühlsmäßig verarbeitet wird (man spricht ja auch von Trauerarbeit). Ein wesentlicher Unterschied besteht beispielsweise darin, dass ein Trauriger ablenkbar ist, dass er durchaus auch einmal lachen kann, während dies dem Depressiven kaum oder nicht mehr möglich ist. Man kann dieses Phänomen recht gut nach Beerdigungen beobachten, wenn sich die Trauergemeinde zu einer gemeinsamen Mahlzeit versammelt (Leichenmahl). Meist ist die Stimmung bei einem solchen Essen nicht schlecht, und gegen Ende der Mahlzeit bemerkt man oft, dass es recht fröhlich zugeht und dass angeregt diskutiert wird. Zur Abdankungsfeier haben sich eben nicht Depressive versammelt, sondern trauernde Menschen. Nach einer Beerdigung, nach einem endgültigen Abschied eines Angehörigen oder eines Freundes wird man sich vermehrt der eigenen Endlichkeit bewusst, aber auch dessen, dass man noch eine Zeit vor sich hat, die es zu nutzen gilt und derer man sich erfreuen möchte. Man vergegenwärtigt sich auch, dass man nicht allein ist und dass das Leben weiter geht [55].

Trotz allem ist es nicht richtig, wenn das Wesen der Depression nur negativ bewertet wird. Der New Yorker Psychiater Frederik Flach hat einem seiner Bücher den Titel *Depression als Lebenschance* gegeben. Auch Nossrat Peseschkian, der die „Positive Psychotherapie" entwickelt hat, sieht das depressive Erleben nicht nur negativ, sondern als Möglichkeit, im Leben etwas zu verändern und zu verbessern. Die Auseinandersetzung mit sich selbst, das Erkennen-Wollen, wer man ist, die Introspektion sind wichtige Schritte, die in der Psychotherapie zurückgelegt werden sollten. Um sich eines allfälligen Fehlverhaltens bewusst zu werden, braucht es eine kritische Auseinandersetzung mit sich selbst. Voraussetzung dazu ist der Wille, der während der akut depressiven Phase nicht aufgebracht werden kann, wohl aber später, nach Abklingen der Depression. In diesem Zusammenhang möchte ich betonen, dass Depressionen im Allgemeinen gut behandelbar sind. Meist braucht es dazu nicht nur psychotherapeutische Gespräche, sondern auch eine Behandlung mit antidepressiven Medikamenten (die positiv auf den Gehirnstoffwechsel einwirken), welche oft rasch zu einer deutlichen Stimmungsaufhellung führen und somit die Therapie unterstützen.

Erklärungsmodelle für das Entstehen einer Depression gibt es viele. So sehen manche Psychoanalytiker im typisch Depressiven eine Art „Liebessüchtigen" (*love-addict*). Der sich in diesem Zustand Befindliche fühlt sich unerfüllt, ohne wärmendes Selbstgefühl. Es steht dem Depressiven keine narzisstische Libido mehr zur Verfügung. Er kann sein Selbstwertgefühl (Narzissmus) nicht mehr auf das Ich und nicht auf sein Über-Ich (Gewissen) verlegen. Das Ich wird als fremd, das Über-Ich als streng, grausam und fordernd erlebt. Dass es in dieser Situation zu Suizidhandlungen kommen kann, liegt auf der Hand, weil das Ich nicht mehr mit Eigenliebe versehen und das Über-Ich nur noch als bestrafend erlebt werden kann. Um einigermaßen beschwerdefrei leben zu können, muss der Mensch fähig sein, seinen Körper narzisstisch zu besetzen. Die während der Depression oft auftretenden vegetativen Beschwerden und Schmerzempfindungen zeugen davon, dass der Organismus der narzisstischen Wärme entbehrt [17, S. 21/22].

Was im Einzelfall die Depression auslöst, ist oft schwer zu beurteilen und muss immer individuell geschehen. Grundsätzlich wissen wir, dass die Depression mit einer Stoffwechselstörung im Gehirn einhergeht, dass bei Beginn der Depression individualpsychologische Momente von Bedeutung und ausschlaggebend sein können. Doch ist auch eine vererbte Disposition für diese Krankheit in Rechnung zu stellen. Die Möglichkeit des Menschen, auf bestimmte Faktoren und Erlebnisse depressiv zu reagieren, ist genetisch prädisponiert. Allerdings muss davon ausgegangen werden, dass unter gewissen Umständen jeder Mensch mit einer Depression reagieren kann, doch ist die individuelle „Schwelle“ bei jedem verschieden hoch. So vermindern zentralstimulierende Substanzen wie zum Beispiel Amphetamin und Kokain die „Serotoninzugänglichkeit“ im Gehirn und können zu Depressionen und Suizidalität führen.

Vor wenigen Jahren wurde in Deutschland ein depressionspräventives Programm umgesetzt, das darauf abzielt, eine Verbesserung der Versorgung depressiver Menschen zu erreichen. Es ist das „Nürnberger Bündnis gegen Depression“. Das Projekt startete 2001 in Nürnberg und hatte zum Ziel, Therapiemöglichkeiten besser umzusetzen durch eine intensive Öffentlichkeitsarbeit zum Thema Depression, aber auch durch Zusammenarbeit mit den Hausärzten und anderen Berufsgruppen wie beispielsweise Pastoren und Lehrer [5]. Das Resultat darf sich sehen lassen: Nach zwei Jahren konnten die Suizide und Suizidversuche in Nürnberg fast um ein Viertel gesenkt werden. Dieser Erfolg führte zur Ausweitung des Projekts: Inzwischen sind mehr als 35 lokale Bündnisse gegen Depression entstanden [25]. Ein ähnliches Projekt hat auch in der Schweiz vor kurzem begonnen, wenn auch in kleinerem Rahmen [95]. Als Schweizer Pilotregion für ein „Bündnis“ stellte sich zum Beispiel 2003 der Kanton Zug zur Verfügung. Das Konzept beim Bündnis gegen Depression lautet im Prinzip: Suizidprävention durch Depressionsprävention [5].

In den letzten Jahren wurde zu Recht das Augenmerk auf die Geschlechtsunterschiede bei Depressionen gerichtet. Obschon insgesamt psychische Krankheiten bei beiden Geschlechtern etwa gleich häufig vorkommen, werden Depressionen bei Frauen häufiger diagnostiziert als bei Männern. Gefühle der Wertlosigkeit und Schuldgefühle sind bei Frauen häufiger anzutreffen als bei Männern. Das Bedürfnis nach Alkohol ist bei depressiven Männern signifikant häufiger anzutreffen als bei depressiven Frauen. (Vielleicht hat der typisch männliche „Stammtisch" auch die Funktion einer „Selbsthilfegruppe"?) Dass depressive Männer effektiv mehr Selbsthilfegruppen aufsuchen als Frauen, zeigt, dass die Bewältigungsstrategien bei ersteren andere sind als beim weiblichen Geschlecht. Es ist bekannt, dass bei Männern eher finanzielle Probleme depressionsauslösend sind, bei Frauen eher familiäre Probleme. Warum Frauen häufiger an Depressionen leiden, wird kontrovers diskutiert. Zum einen sind hormonelle Faktoren zu diskutieren, zum anderen Mehrfachbelastungen in Familie und Beruf. Außerdem könnte auch die Frage gestellt werden, ob Frauen tatsächlich häufiger an Depressionen erkranken oder ob Männer die Krankheit besser verstecken und verdrängen können, oder einfach nicht wahr haben wollen. Das hätte auch zur Folge, dass sie sich gar nicht in ärztliche Behandlung begeben. Die endgültigen Antworten auf diese Fragen sind noch nicht gefunden. Sicher spielen sowohl genetische als auch psychosoziale Faktoren sowie Erziehungsstile eine entscheidende Rolle bei beiden Geschlechtern. Oder etwas trivialer ausgedrückt (nach dem Bestseller von John Gray): „Männer sind anders, Frauen auch."

Die Entstehung einer Depression ist also das Ergebnis einer vielschichtigen Wechselwirkung aus Veranlagung, biographischen Erfahrungen, körperlichem Befinden und sozialer Situation. Depressionen sind in der Bevölkerung weit verbreitet und ihre Häufigkeit nimmt mit steigendem Alter zu [44, S. 95]. Neuere Studien weisen darauf hin, dass Arbeitslosigkeit auch die Häufigkeit von Depressionen in der Bevölkerung erhöht. Die Depression ist die häufigste psychische Erkrankung überhaupt und ist wegen der Suizidgefahr auch die lebensgefährlichste: 3 bis 4 % aller Depressiven sterben durch eigene Hand [159, S. 300]. Besonders suizidgefährdet sind die Menschen, die an einer manisch-depressiven Erkrankung leiden, von der im nächsten Kapitel die Rede ist.

Das Wesen der Depression wird definiert und von der normalen Trauerreaktion abgegrenzt. Eine Depression ist die häufigste psychische Erkrankung überhaupt und wegen der Suizidgefahr auch die gefährlichste. Obschon eine Depression subjektiv als schwerste Krankheit erlebt wird, sollte auch das positive Moment nicht unerwähnt bleiben: Die Möglichkeit und Chance, sich mit der Krankheit auseinanderzusetzen, etwas im Leben zu verändern und zu verbessern mit Hilfe von Introspektion, wie sie im psychotherapeutischen Setting ermöglicht wird, im Sinne einer kritischen Auseinandersetzung mit sich selbst. Dies ist oft erst nach Abklingen der Depression möglich.

3 Manisch-depressiv – ein Wechselbad der Gefühle

Himmelhoch jauchzend,
zu Tode betrübt.

(Goethe, Egmont)

Fachleute sprechen nicht nur von einer Depression oder einem depressiven Zustandsbild, das bei einem Patienten diagnostiziert wird, sondern von Phasen oder entsprechenden Episoden (depressive Episode oder Störung). Damit wird zum Ausdruck gebracht, dass Depressionen die Tendenz haben, im Leben eines Menschen wiederholt aufzutreten und dass sie sich häufig mehrmals im Leben des Betreffenden manifestieren. Die Behandlung einer Depression ist für den Arzt und Therapeuten in der Regel eine Herausforderung, doch wird dies noch bedeutend schwieriger und problematischer, wenn auch manische Episoden auftreten.

Symptome einer manischen Episode sind eine glückliche, euphorische Grundstimmung („himmelhoch jauchzend"), manchmal liegt auch eine gereizte (dysphorische) Stimmung vor. Im Gespräch kommt man vom Hundertsten ins Tausendste, das heißt man kommt immer wieder auf ein anderes Thema zu sprechen, ohne auf das Ursprüngliche, das noch gar nicht zu Ende diskutiert wurde, zurückzukommen (Ideenflucht). Auch ist eine psychomotorische Erregung feststellbar, die zu einer gesteigerten Aktivität führt. Die Betreffenden fühlen sich voller Energie, sie verspüren kaum mehr ein Schlafbedürfnis, arbeiten die Nächte durch oder feiern sie durch, ohne sich müde zu fühlen. Sie sind rastlos, kommen kaum zur Ruhe und verhalten sich Mitmenschen gegenüber oft distanzlos. Das Selbstvertrauen und Selbstbewusstsein ist – im Gegensatz zur Depression – deutlich gesteigert. Selbstkritisches Verhalten bleibt auf der Strecke: Es können ausgeprägte Größenideen auftreten, quasi mit dem Gefühl, die Welt aus den Angeln heben zu können. Häufig ist dieser „Aktivismus" verbunden mit großzügigen Geldausgaben, sei es, um unnötige Anschaffungen zu machen oder um mit Bekannten rauschende Feste zu feiern. Wie alles in der Manie sind auch die Einkäufe maßlos und übertrieben: Man kauft sich nicht ein Paar Schuhe, sondern gleich 20 Paar oder irgendeinen Luxusartikel, der im Normalzustand nie gekauft würde. Die Hemmschwelle für Aktivitäten verschiedenster Art ist stark herabgesetzt: Es kommt zum Beispiel zu sexuellen Abenteuern, Eskapaden und zu Beziehungen, die wahllos und unkritisch eingegangen werden.

Aus dem Gesagten folgt, dass die Manie viel schwerer zu behandeln ist als die Depression, da die Betroffenen keine Krankheitseinsicht haben, sondern im Gegenteil sich ausgesprochen wohl und fit fühlen, so „gesund wie nie zuvor". Deshalb ist es manchmal unumgänglich, einen solchen Patienten in die Klinik einzuweisen, unter Umständen sogar zwangsweise. Nicht selten kommen solche Kranke mit der Polizei in Konflikt. Oft besteht auch ein Druck von Seiten der Angehörigen mit der ausgesprochenen Erwartung, dass „nun endlich etwas passieren muss". Es wird erwartet, dass der Psychiater diesen Patienten in jedem Fall in die Klinik einweisen soll. Solche Ansprüche von Angehörigen sind nicht immer ganz uneigennützig, denn sie befürchten oft zu Recht, selbst finanziell zu kurz zu kommen oder gar Schulden zahlen zu müssen, wenn der manische Verwandte das Geld mit beiden Händen großzügigst ausgibt!

Als Oberarzt einer psychiatrischen Institution wurde ich zu einem manischen Patienten in einer chirurgischen Abteilung einer Privatklinik gerufen, da dieser auf der Abteilung kaum mehr tragbar war. Der Patient hatte eine schwere chirurgische Operation hinter sich und konnte sein Bett nicht verlassen. Der ca. 50-jährige Mann telefonierte aber den ganzen Tag und brachte es so weit, dass dauernd etwa zwei bis drei Besucher in seinem Zimmer anwesend waren, denen er Aufträge erteilte und die für ihn Besorgungen machen mussten. Von einem jungen Mann, der für ihn Einkäufe getätigt hatte, wollte der Patient das Wechselgeld nicht annehmen. Er kommentierte den Betrag von etwa 100 Fr.: „Sie können es behalten, für Sie mag es viel sein, für mich ist es nichts!"

Auf einem der wenigen Stühle in seinem Zimmer lag ein großer Laib Käse von etwa einem halben Meter Durchmesser. In der Nacht war der Patient aktiv und sang so laut Arien, dass die Patienten der angrenzenden Zimmer evakuiert werden mussten. Als ich sein Zimmer betreten hatte, sah ich seinen Aktivitäten eine Zeit lang zu, meldete mich aber dann zu Wort und gab mich als Psychiater, der ihm zuvor angekündigt worden war, zu erkennen. Er schrie mich laut an, ich sei wahrscheinlich der Ansicht, dass er manisch wäre! Dies stimme jedoch nicht, da er immer so aktiv sei und dies seiner Lebensart entspreche! Ein eigentliches Gespräch kam kaum zustande, da der Patient leicht ablenkbar war, Telefonanrufe und Besuche erhielt und keine Lust auf ein Gespräch mit mir hatte. Mit Mühe und Not konnte ihm das Versprechen abgerungen werden, dass er Medikamente einnehmen müsse wegen seiner „Überaktivität". Später stellte sich heraus, dass er das Versprechen nie eingehalten und sich das Zustandsbild noch längere Zeit nicht gebessert hatte, zumindest bis zu dem Zeitpunkt, als er aus der chirurgischen Abteilung entlassen wurde. Noch heute bewundere ich die Geduld des Personals und der Ärzte jener Privatklinik. An den meisten anderen Krankenhäusern inkl. den Universitätskliniken hätte man sowohl auf den Psychiater wie auf den Patienten mehr Druck ausgeübt und letzteren zwangsweise in eine psychiatrische Klinik verlegen lassen.

Lange nicht immer kommt es zu einem solchen Vollbild der Manie wie soeben beschrieben. Nicht selten kommen hypomanische oder submanische Zustände vor, die weniger ausgeprägt sind, aber dennoch als krankhaft einzustufen sind. Die manisch-depressive Störung wurde früher manisch-depressives Irresein, später manisch-depressive Psychose genannt. Heute wird sie als bipolare Störung diagnostiziert. Dies bringt zum Ausdruck, dass sich die Krankheit an zwei verschiedenen Polen manifestiert, am depressiven und am manischen Pol. Bei der bipolaren Erkrankung unterscheidet man einen Typ 1 und einen Typ 2: Typ 1 bedeutet, dass im Langzeitverlauf manische und depressive Phasen auftreten, Typ 2 bedeutet, dass depressive Phasen und Hypomanien im Langzeitverlauf auftreten, jedoch keine voll ausgebildeten Manien. Typischerweise beginnt die manisch-depressive Störung in jungen Jahren: Die Ersterkrankung manifestiert sich in den meisten Fällen vor dem 30. Lebensjahr. Die depressiven Phasen treten meist häufiger auf als die manischen.

Die bipolare Störung ist keineswegs selten: Sie betrifft etwa 1 % aller Erwachsenen und ist in puncto Häufigkeit zu vergleichen mit der des Diabetes. Rechnet man auch die leichteren Formen dazu, also auch die Hypomanien, so wird die Wahrscheinlichkeit, daran zu erkranken, auf bis gegen 5 % geschätzt [93, S. 3/4]. Da die depressiven Phasen meist häufiger auftreten als die manischen, braucht es oft lange, bis die richtige Diagnose einer bipolaren Störung gestellt wird, im Durchschnitt etwa acht bis zehn Jahre. Häufiger sind aber die monopolaren Erkrankungen, bei welchen nur depressive Phasen auftreten (keine manischen).

Die Krankheit tritt familiär gehäuft auf, das heißt, je mehr Blutsverwandte an einer bipolaren Störung leiden, desto größer ist auch das Risiko für die anderen, daran zu erkranken. Der manisch-depressiven Erkrankung liegt also eine genetische Veranlagung zugrunde. Doch bedeutet dies nicht, dass man in jedem Fall daran erkranken muss, auch wenn mehrere Blutsverwandte dieses Leiden haben [93, S. 42/43]. Wenn beide Eltern manisch-depressiv sind, beträgt das Krankheitsrisiko der Kinder 20 bis 40 % [16, S. 40]. Auch wenn die Angaben der Konkordanzrate bei eineiigen Zwillingen (gleiche Erbanlagen) stark schwanken in der Literatur, so zeigt sich doch eine deutlich höhere Konkordanzrate bei eineiigen als bei zweieiigen (keine gleichen Erbanlagen) bezüglich der manisch-depressiven Störung. Die Konkordanz dieser Krankheit beträgt gemäß Frau Zerbin-Rüdin [161] bei eineiigen Zwillingen 69 %, bei zweieiigen dagegen nur 19 %.

Die an einer bipolaren Störung leidenden Menschen haben ein besonders hohes Suizidrisiko. Man geht davon aus, dass etwa 15 bis 19 % der Betroffenen durch Suizid enden, das heißt, das Risiko dieser Kranken, durch Suizid zu sterben, ist etwa 30-mal größer als in der Durchschnittsbevölkerung [93, S. 59]. Viele betreiben eine untaugliche „Selbstbehandlung" und geraten in eine Abhängigkeit: Bei manisch-depressiven Patienten ist die Alkoholabhängigkeit mindestens doppelt so hoch wie in der übrigen Bevölkerung [93, S. 59].

Große Bedeutung kommt der medikamentösen Behandlung zu. Es sind Langzeitbehandlungen, das heißt, die Medikamente müssen über viele Jahre eingenommen werden, damit möglichst keine manischen oder keine depressiven Phasen mehr auftreten. Zu diesen stimmungsstabilisierenden Medikamenten gehören in erster Linie Lithium (Lithiumsalze), Carbamazepin und Valproat- bzw. Valproinsäure. Die Lithiumtherapie hat bei Manisch-Depressiven zur Folge, dass in 30 % keine weiteren Krankheitsphasen auftreten. Bei etwa 50 % der Patienten bewirkt sie eine Abschwächung der Phasen (das heißt, sie sind weniger stark oder dauern weniger lang), in 20 % ist sie unwirksam [129, S. 17]. Die akute Therapie der Manie wird mit Valproinsäure (z. B. Depakine) und einem Benzodiazepin (z. B. Temesta) durchgeführt. Falls diese Medikamentenkombination zu wenig wirksam ist oder wenn psychotische Symptome vorliegen, kann ein atypisches Neurolepticum (Antipsychoticum) wie zum Beispiel Olanzapin (Zyprexa) oder Risperidon (Risperdal) dazu gegeben werden. Olanzapin kann auch zur Langzeitprophylaxe eingesetzt werden. Früher wurde auch Haloperidol verwendet, das ebenfalls antimanisch wirkt, das aber wegen der Nebenwirkungen heute weniger empfohlen werden kann.

Obschon das Schwergewicht bei der manisch-depressiven Erkrankung auf die Medikamente zu legen ist, darf auch die Psychotherapie nicht vernachlässigt werden. Die Patienten bedürfen einer therapeutischen Begleitung, da sie sich mit der Tatsache auseinandersetzen müssen, ein chronisches Leiden zu haben, welches zumeist eine jahrzehntelange medikamentöse Behandlung braucht. Oft müssen die so Erkrankten mehrmals motiviert werden, ihre Medikamente regelmäßig einzunehmen. Auch ist es wichtig, ein „Frühwarnsystem" zu erarbeiten, damit der Patient möglichst frühzeitig erkennt, wenn er in eine depressive oder manische Phase gerät. Dies ist schwieriger, als es auf den ersten Blick erscheint. Nicht selten sind Angehörige eines Manisch-Depressiven überängstlich und haben das Gefühl, eine Manie bahne sich schon an, wenn „ihr Patient" einmal laut gelacht hat! Auch sollte er lernen, seine eigene Vulnerabilität zu erkennen und entsprechende Maßnahmen zu planen [93, S. 87].

Bei der bipolaren Erkrankung treten im Laufe der Zeit manische und depressive Phasen auf. Zur Manie gehört eine euphorische Grundstimmung („himmelhoch jauchzend"), seltener auch eine dysphorische Stimmung, eine gesteigerte Motorik und eine Ideenflucht. Es kommt zu einem übersteigerten Selbstwerterleben (Größenideen), zu einem „Aktivismus", zu unkontrollierten Einkäufen und größeren Geldausgaben sowie zu sexuellen Abenteuern und Eskapaden. Menschen, die an einer bipolaren Störung leiden, haben ein besonders hohes Suizidrisiko. Die Behandlung, die oft stationär erfolgen muss, wird beispielsweise mit Lithiumsalzen (Langzeittherapie) durchgeführt. Gegen die akute Manie werden Valproinsäure, Benzodiazepine und evtl. atypische Neuroleptika (Antipsychotica) eingesetzt.

4 Die larvierte Depression

... „Ich weiß noch, wie ich schaudernd ging,
Als ob mir etwas überhing,
Als ob ich etwas Schweres trug,
Das mir in Knie und Nacken schlug ..."
(aus: Stefan Zweig: Ballade von einem Traum)

Unter einer larvierten oder maskierten Depression versteht man ein Zustandsbild, bei welchem das eigentliche depressive Element fehlt, das heißt, das Leitsymptom der depressiven Verstimmung ist nicht oder nur ansatzweise feststellbar. Die typischen Störungen des depressiven Denkens fehlen, und die Kranken klagen über körperliche Symptome, wie zum Beispiel Herzklopfen, Herzstechen, Beengungsgefühl über dem Brustkorb, Schwung- und Kraftlosigkeit, Abgeschlagenheit, Energieverlust, Schlafstörungen, Appetit- und Gewichtsverlust, Libido- und Potenzverlust. Auch Schwindel, Schmerzen, Verstopfung und Atembeklemmung können dazu gehören. Die Betreffenden fühlen sich als körperlich, nicht als seelisch krank, und suchen dementsprechend ihren Hausarzt oder den Internisten auf. Oft kommt es naturgemäß zu fehlerhaften Diagnosen.

In den 70er-Jahren des 20. Jahrhunderts wurde der Begriff „larvierte Depression" vom Basler Psychiatrieprofessor Paul Kielholz geprägt. Schon etwa 40 Jahre früher wurde von „somatisierter Depression" gesprochen. Man verstand darunter aber eine endogene Depression, bei der körperliche Symptome im Vordergrund standen. In angelsächsischen Ländern hatte sich der Begriff *masked depression* am ehesten durchgesetzt. Im deutschen Sprachbereich wird manchmal auch von „maskierter Depression“ gesprochen. In den modernen Klassifikationssystemen, ICD-10 und DSM-IV, wird die larvierte Depression nicht mehr aufgeführt[1].

Der alte Begriff hat jedoch den praktisch relevanten Vorteil, dass eine Vielfalt körperlicher Beschwerden unter einem Begriff zusammengefasst werden [98].

Eine depressiv bedingte Antriebsverminderung geht oft parallel mit einer Hemmung der Stimmung einher, doch wird die depressive Gestimmtheit nicht klar ersichtlich, da sie dem Patienten selbst gar nicht bewusst ist und er diese vielleicht sogar verneint. Dies hängt damit zusammen, dass die körperlichen Beschwerden im Erleben des Patienten ganz im Vordergrund stehen und er überzeugt ist, an einer körperlichen Krankheit zu leiden [46]. In verschiedenen Ländern Mitteleuropas wurde festgestellt, dass 10 % der Kranken, die einen praktischen Arzt aufsuchen, ein depressives Zustandsbild aufweisen. Etwa die Hälfte von ihnen leidet an einer larvierten Depression [71].

Eine weitere mögliche Ursache für die larvierte Depression könnte gesellschaftlicher Art sein: Noch immer wird ein körperliches, somatisches Leiden in der Gesellschaft eher akzeptiert als ein seelisches. Wenn jemand einen Unfall erlitten hat und beispielsweise sein Bein eingegipst ist, erhält er wesentlich mehr Zuwendung und Verständnis als jemand, der an einer seelischen Krankheit leidet.

In der Fachliteratur ist der Begriff der *smiling depression* (lächelnde Depression) anzutreffen: Dies bedeutet, dass die äußere Mimik des Patienten, sein Erscheinungsbild, nicht mit dem tatsächlichen Befinden, mit seinem Innern, übereinstimmt. Die Betreffenden wollen sich – ob bewusst oder unbewusst bleibe dahingestellt – nicht in die Karten schauen lassen, wollen der Umwelt nicht bekannt geben, wie es ihnen wirklich zumute ist. Die eher seltene *smiling depression* war ursprünglich in Thailand besonders häufig anzutreffen, und der Begriff geht auf dortige Untersuchungen zurück [7].

Die körperliche Maske bei der larvierten Depression kann in vielfältigen vegetativen Störungen und funktionellen Organbeschwerden bestehen. Sie vermag deshalb die Symptome fast jeder

---

[1] ICD-10 und DSM-IV sind neuere Klassifikationssysteme der psychiatrischen Krankheiten.

Krankheit vorzutäuschen, sodass bei jeder körperlichen Störung eine gründliche hausärztliche Untersuchung stattfinden muss. Sofern Anamnese und Befunderhebung keinen Hinweis auf eine körperliche Erkrankung ergeben, ist durch eine vertiefte Anamnese und eine gezielte Befragung die körperliche Maske zu heben, um das depressive Syndrom dahinter aufzudecken [47].

Wesentliche Schlüsselfragen, die dem Patienten gestellt werden sollten, sind die folgenden:

1. Können Sie sich noch freuen?
2. Wie steht es mit Ihrem Interesse, ist es noch wie früher?
3. Sind Sie weniger initiativ als noch vor Wochen oder Monaten?
4. Fühlen Sie sich tagsüber erschöpft, ohne Schwung?
5. Fühlen Sie sich nervös, innerlich gespannt, ängstlich?
6. Fällt es Ihnen schwer, Entscheidungen zu treffen?
7. Haben Sie Schlafstörungen?
8. Haben Sie Schmerzen, verspüren Sie einen Druck auf der Brust?
9. Haben Sie wenig Appetit, haben Sie an Gewicht verloren?
10. Haben Sie Schwierigkeiten in sexueller Hinsicht?
11. Neigen Sie in letzter Zeit vermehrt zum Grübeln?
12. Plagt Sie das Gefühl, Ihr Leben sei sinnlos geworden? [47]

Das Aufdecken der Maske, die Freilegung des depressiven Geschehens, welches dem Patienten meist gar nicht bewusst ist, ist von großer Wichtigkeit. Sie ist einerseits wichtig für die adäquate Behandlung, andererseits auch deshalb, weil sich hinter der Maske eine Suizidgefahr verbergen kann. Manche können auch dem Arzt gegenüber Suizidgedanken nicht spontan äußern, während sie sehr wohl über körperliche Symptome reden können. Es ist deshalb von Bedeutung, dass der Kranke auf seine Gefühle und Empfindungen angesprochen wird, und er auch nach Suizidideen und entsprechenden Impulsen gefragt wird. Auch eine larvierte Depression ist mit Medikamenten und Psychotherapie zu behandeln. Häufig sind auch beim Burnout körperliche Beschwerden vorhanden, von diesem ist im nächsten Kapitel die Rede.

Die an einer larvierten oder maskierten Depression Leidenden sind der Ansicht, eine körperliche Erkrankung zu haben. Sie klagen also über entsprechende Symptome wie zum Beispiel Herzklopfen, Abgeschlagenheit, Schwung- und Kraftlosigkeit, Schlafstörungen, Schwindel, Schmerzen, Verstopfung und Störungen im sexuellen Bereich. Eine medizinische Abklärung ist indiziert, ebenso aber eine gezielte Befragung bezüglich eines dahinter liegenden depressiven Geschehens. Die Fragen betreffen beispielsweise die Freude-Empfindungs-Fähigkeit, Suizidimpulse, die Initiative, ob das Interesse an Tätigkeiten wie Hobbies nachgelassen hat. Auch eine larvierte Depression bedarf einer medikamentösen und psychotherapeutischen Behandlung.

5 Burnout – eine Modeerscheinung?

Wer ausbrennt, der muss einmal entflammt gewesen sein!

Im Gegensatz zu anderen psychiatrischen Begriffen wie zum Beispiel Schizophrenie, Depression und Zwangskrankheit, sind die verschiedenartigen Definitionen des Begriffes Burnout uneinheitlich. Das Burnout-Syndrom ist manchmal von anderen psychischen Erscheinungsbildern schwer abgrenzbar. Zudem handelt es sich um einen neueren Begriff, der erst gegen Ende des letzten Jahrhunderts in der Literatur Eingang gefunden hat. Dies bedeutet jedoch nicht, dass das Krankheitsbild neu ist, sondern dass früher andere Ausdrücke verwendet wurden. Verschiedene Begriffe haben Ähnlichkeit mit dem Burnout, so etwa „Betriebsneurose“, „Helfersyndrom“, „chronische nervöse Erschöpfung“ und „Erschöpfungsdepression“ [34]. Auch Dichter und Schriftsteller haben solche Zustände beschrieben, lange bevor der Begriff existierte, so zum Beispiel Thomas Mann in seinem Roman „Die Buddenbrooks“, in welchem der Senator Thomas Buddenbrook mit klassischen Symptomen eines Burnout geschildert wird. Im Roman erleidet dieser einen vorzeitigen Tod, der ins Jahr 1876 datiert wird [27, S. 1]. Interessanterweise wurde der Begriff Burnout erstmals in einer Erzählung von Graham Greene erwähnt, in der Belletristik also, und zwar 1961 (*A Burnt-Out case*). Später wurde „Burnout“ in der amerikanischen Fachliteratur erstmals 1974 geprägt (von Freudenberger und Ginsburg). Heute existiert eine umfangreiche Literatur zu diesem Krankheitsbild [27, S. 3], das in den letzten Jahren nicht nur immer häufiger diagnostiziert wurde, sondern das offenbar auch im Zunehmen begriffen ist. Trotzdem scheint der Begriff in Laienkreisen beliebter zu sein als bei Fachleuten: Zumindest sucht man im *Wörterbuch der Psychiatrie und medizinischen Psychologie* von Peters (Ausgabe von 1997) vergebens nach ihm [106]. In der „Internationalen Klassifikation psychischer Störungen" (ICD-10) ist „Burnout" unter Erschöpfungssyndrom zu finden. Der Begriff ist insofern nicht ganz korrekt, als das „Durchbrennen" ursprünglich auf Sicherungen und Stromleitungen angewendet wurde. Dieses Durchbrennen geschieht sofort, plötzlich und schnell, während es sich beim Burnout des Menschen jedoch um einen meist jahrelangen Prozess handelt. Man könnte sagen, dass über längere Zeit die Energieabgabe größer ist als der Energienachschub. Wenn die Kraftreserven des Menschen schwinden, kann es zu einem eigentlichen Erschöpfungszustand kommen, sogar zu einem depressiven Zustandsbild mit entsprechenden Suizidimpulsen.

Zuerst wurde das Erscheinungsbild bei Helfenden und Sozialberufen geschildert: Es geht einher mit einem Motivationsverlust, mit einer Verminderung der psychischen Belastbarkeit (oft schon im jüngeren oder mittleren Berufsalter), mit Gefühlen der Resignation und Ressentiments, die als Folge einer Überforderungssituation auftreten. Oft sind Menschen betroffen, die zu hohe (und damit oft unrealistische) Erwartungen an sich und an ihren Berufserfolg stellen.

Eine meines Erachtens gute, aber allgemeine Definition von Burnout finden wir bei Maslach und Leiter [88, S. 18]:

> „Burnout ist ein Maßstab für die Diskrepanz zwischen dem Wesen eines Menschen und dem, was er in seiner Arbeit tun muss. Es stellt einen Verschleiß von Werten, Würde, Geist und Willen dar – einen Verschleiß der menschlichen Seele. Es ist eine Krankheit, die sich schrittweise und gleichmäßig über einen längeren Zeitraum hin ausbreitet und die Menschen in einen Teufelskreis bringt, aus dem es nur schwer ein Entrinnen gibt."

Wie manifestiert es sich?

Menschen, die später an Burnout erkranken, sind klassischerweise – zumindest anfänglich – besonders aktiv, dynamisch und engagiert, vielleicht sogar überengagiert. Sie sind das Ideal jeden Arbeitgebers: Sie scheuen keine Überstunden; vermehrter zeitlicher Einsatz ist für sie selbstverständlich, oft haben sie das Gefühl, für die Firma, für das Team, in dem sie arbeiten, unentbehrlich zu sein. Mit anderen Worten sind es gerade diese besonders „guten" Eigenschaften, die sich später zu Fußangeln, zu Fallen entwickeln können. Durch äußere Umstände bedingt kann es zu einer Entwicklung in Richtung Erschöpfungsphase kommen, in der die Betreffenden nur noch vermindert belastbar und stimmungslabil sind. Auch der Organismus kann zu streiken beginnen, indem anfänglich zum Beispiel festgestellt werden muss, dass banale Erkältungen und grippale Infekte öfter als zuvor auftreten. Die Betroffenen leiden oft an Schlaflosigkeit, Kopfschmerzen, hohem Blutdruck und Magengeschwüren [88, S. 45], evtl. auch an Herz-Kreislauf-Erkrankungen (letztere vor allem im fortgeschrittenen Stadium). Sie fühlen sich ausgelaugt und müde, letzteres im wörtlichen und übertragenen Sinne des Wortes. Die Müdigkeit verschwindet auch nach Erholungsphasen nicht. Oft ist auch eine innere Unruhe, eine Gespanntheit und Nervosität bemerkbar, die gelegentlich auch als Reizbarkeit in Erscheinung treten kann. Der ganze Mensch verändert sich also, er ist nicht mehr der „Alte" wie früher: Der ursprüngliche Optimismus ist durch Pessimismus ersetzt worden, vielleicht sogar durch Negativismus und Fatalismus. Der Arbeit gegenüber wird eine zynische, negative Haltung eingenommen. Es kommt oft zu Konzentrationsstörungen, zu Merkfähigkeitsstörungen und zu Vergesslichkeit. Diese bedingen natürlich entsprechende Schwierigkeiten bei der Arbeit, im Team, bei Vorgesetzten usw. Die Auswirkungen zeigen sich aber nicht nur im Berufsleben, sondern auch im privaten Bereich. Häufig entwickeln sich – fast zwangsläufig – Partnerschaftsprobleme, denn die Betreffenden spüren, dass sie auch zu Hause zu wenige Erholungsmöglichkeiten haben. Der Teufelskreis wird dadurch noch verstärkt, dass Menschen, die an Burnout leiden, sich selbst zu therapieren versuchen, um die Spannungen in den Griff zu bekommen. Dies tun sie zum Beispiel mit einem vermehrten Alkohol-, Nikotin- und Kaffeekonsum, oder durch Selbstmedikation mit den verschiedensten Medikamenten, wie beispielsweise Beruhigungs- und Schlafmitteln [34].

Damit dreht sich die Spirale weiter: Es kommt zu Ärger (über sich und andere), zu Aggressionen und zu Schuldgefühlen. Es kann am Arbeitsplatz zu einem „Dienst nach Vorschrift“ kommen, zu einer „inneren Kündigung“, bei der nur noch das absolut Notwendige, das Allernötigste geleistet wird. Diskussionen mit Mitarbeitern und Vorgesetzten werden gemieden, denn man ist ja mit sich selbst beschäftigt und hat selbst genug Probleme. Die Folgen sind eine Abkapselung, Isolation und Flucht in Tagträume. Oft gesellen sich Depressionen und eine Suizidgefährdung hinzu.

Zu den Hauptursachen der Burnout-Entstehung gehört – sehr allgemein formuliert – die Hektik: Diese hat in den letzten zwei Jahrzehnten mit dem Computerzeitalter nicht etwa ab-, sondern zugenommen. Zu Recht schreibt Frau Hochstrasser:

> „Zeitdruck, wie er heute besteht, ist Ausdruck der technisierten und kommunikativ immer schneller drehenden globalisierten Welt“ [62, S. 9].

Zudem unterlagen frühere Generationen nicht ständigen Umstrukturierungen. Die rasanten Veränderungen der Arbeitsstrukturen, der Aufgabenbereiche und der Zielvorgaben – oft bei vermindertem Personalbestand und Veränderungen in der Hierarchie – begünstigen ein Burnout oder können es verursachen.

Mobbing

Mobbing bedeutet, dass Mitarbeiter jemanden am Arbeitsplatz konsequent durch negative und abschätzige Bemerkungen bedrängen, entwerten und ausgrenzen. Oft herrscht als Voraussetzung für ein solches Verhalten ein schlechtes Arbeitsklima. Wenn diese negative Aktivität über längere Zeit erduldet wird, kann eine entsprechende Entwicklung zum Burnout angebahnt werden. Mindestens 8 % der Arbeitnehmer sollen gemäß einer Untersuchung einem klaren Mobbing ausgesetzt sein [30, S. 49]. In der Umgangssprache wird Mobbing aber manchmal inflationär oder falsch verwendet: So berichtete mir eine Patientin vor einigen Jahren, sie werde an ihrem Arbeitsplatz im Krankenhaus „gemobbt". Als ich den genauen Sachverhalt wissen wollte, lief die Angelegenheit darauf hinaus, dass die Patientin wenige Stunden zuvor von ihrer Vorgesetzten gerügt bzw. getadelt worden war für eine Arbeit, die nicht ganz in Ordnung gewesen war. Es erübrigt sich zu bemerken, dass hier kein Mobbing vorliegt, sondern es sich um etwas Alltägliches handelt, das in jeder Firma vorkommt und an jedem Arbeitsplatz, auch wenn er noch so gut organisiert ist und die Stellen von in jeder Beziehung kompetenten Leuten besetzt sind. Das eigentliche Mobbing – man könnte auch von „Psychoterror" sprechen – führt zu einer psychischen Traumatisierung, wobei durch sich immer wiederholende Verhaltensmuster das Opfer überfordert wird und in eine ausweglose Situation hinein gerät [142, S. 149]. Mobbing am Arbeitsplatz kann also zu einer Burnout-Situation und zu Depressionen führen.

Häufigkeit von Burnout

In Deutschland sollen nur 12 % der Arbeitnehmer Freude an ihrer Tätigkeit haben und entsprechend engagiert sein. 70 % sollen lediglich „Dienst nach Vorschrift" leisten und 18 % sollen die „innere Kündigung" vollzogen haben. Dieses Ergebnis ist das Resultat einer repräsentativen Studie, bei der anno 2003 ca. 2000 Männer und Frauen über 18 Jahre befragt wurden [34]. Aus der Studie geht auch hervor, dass der Anteil der beruflich Engagierten in früheren Jahren höher lag. Schuld an dieser Entwicklung ist wohl nicht zuletzt die allgemeine Wirtschaftslage, aber auch das mangelhafte Management, das für die Frustrierung vieler Mitarbeiter verantwortlich ist. Ganz ähnliche Zahlen wurden in der Basler Zeitung 2004 veröffentlicht [131], wobei auch hier darauf hingewiesen wird, dass Unternehmen wegen schlechter Personalpolitik jährlich Milliarden-Verluste hinnehmen müssen. Fachleute sind zu Recht der Meinung, dass sich dies ändern lässt. Es soll einen statistischen Zusammenhang geben zwischen „guter" Personalführung und dem Börsenwert einer Firma. Mit dem Satz „das Personal ist unser wertvollstes Kapital" brüsten sich zwar viele Firmen, doch bleibt dies oft nur ein Lippenbekenntnis. Dass das Personal tatsächlich das „wertvollste Kapital" ist, scheinen verschiedene Unternehmen nicht mehr wahrhaben zu wollen (wie zur Zeit der Hochkonjunktur) bzw. noch nicht wieder entdeckt zu haben. In der Schweiz wird davon ausgegangen, dass 3 bis 4 % der arbeitenden Bevölkerung an einem schweren Burnout leiden [63].

Was kann getan werden?

Wie bei jeder Krankheit geht es zunächst einmal darum, die Entwicklung, den krankhaften Prozess, möglichst frühzeitig zu bemerken. Bei der Situationsanalyse müssen sich die Betroffenen Fragen stellen wie zum Beispiel „Was ist mein Ziel?", „Wie wichtig ist mir meine Karriere?", „Ist mein Privatleben mindestens so wichtig?", „Bin ich mir bewusst, dass ich in letzter Zeit vermehrt zum Nörgler, zum Pessimisten, zum Zyniker geworden bin?", „Bin ich vielleicht zum Einzelgänger geworden?". Manchmal kann nach einer solchen Analyse eine grundsätzliche berufliche Änderung vorgenommen werden (zum Beispiel ein Stellenwechsel). Vielleicht gelingt es, die beruflichen Weichen anders zu stellen, und manchmal ist es unumgänglich, fachliche Hilfe zu beanspruchen, etwa bei einem Psychotherapeuten, Psychiater oder einem kompetenten Sozialarbeiter (letzteres zum Beispiel innerhalb der Firma). Beim Burnout bedarf es einer psychotherapeutischen Behandlung, je nachdem auch einer antidepressiven Medikation.

Am ehesten kann einem Burnout vorgebeugt werden, indem man einen positiven, gesunden Lebensstil pflegt, für genügend Schlaf sorgt, sich regelmäßig und ausgewogen ernährt (und sich dabei genügend Zeit lässt), ausreichende Erholungsphasen einbaut und für viel Bewegung, möglichst im Freien, sorgt. Zudem ist auch das Beziehungsnetz wichtig: Kontakte mit Freunden und Bekannten müssen gepflegt und aufrechterhalten werden.

Zu Recht betonen Maslach und Leiter [88], dass das Problem des Burnout auch die Firmen zu beschäftigen hat. Die verantwortlichen Leiter an oberster Stelle haben Maßnahmen zu treffen, die ein „Ausbrennen" ihrer Mitarbeiter verhindern. Solche Maßnahmen verhindern nicht nur menschliches Leiden, sondern sie sind, zumindest längerfristig, auch für die Firma von Vorteil, weil nachgewiesen werden konnte, dass der Arbeitsausfall durch Burnout für den Arbeitgeber große finanzielle Verluste bedeutet. Die Firmenleitung ist dafür verantwortlich, dass folgende Faktoren eingehalten werden: Ertragbare Arbeitsbelastung, Anerkennung und Belohnung, Gemeinschaftssinn, Fairness, Respekt und anständige Honorierung. In einem norwegischen Konzern wurde eine Untersuchung über Mitarbeitergespräche durchgeführt. Diejenigen Mitarbeiter, die gelobt wurden, verbesserten ihre Leistungen im darauf folgenden Jahr. Diejenigen aber, die getadelt wurden, erbrachten im folgenden Jahr keine besseren Leistungen, zum Teil sogar schlechtere [136].

Wenn Burnout auch geheilt werden kann, so bleibt danach eine gewisse Sensibilität für eine hohe Stressbelastung zurück. Menschen, die früher einmal eine Depression durchgemacht haben und bei denen Depressionen in der Blutsverwandtschaft vorkommen, haben ein erhöhtes Risiko für Burnout [63].

Fengler [35, S. 45] schreibt von Helferinnen und Helfern, die überaus aktiv sind, überengagiert, sich keine Pause gönnen und sich für ihren Arbeitgeber über die Maßen einsetzen, dass sie „viele Töpfe haben, in denen sie abwechselnd rühren können und sich dabei zugleich von anderen erholen." In diesem Zusammenhang erwähnt er ein Gedicht von Wilhelm Busch:

„Wirklich, er war unentbehrlich!
Überall, wo was geschah
zu dem Wohle der Gemeinde,
er war tätig, er war da.

Schützenfest, Kasinobälle,
Pferderennen, Preisgericht,
Liedertafel, Spritzenprobe,
ohne ihn da ging es nicht.

Ohne ihn war nichts zu machen,
keine Stunde hatt' er frei.
Gestern, als sie ihn begruben,
war er richtig auch dabei."
[Zitiert nach Fengler, 35, S. 45]

Ein „Fallbeispiel"

Der zur Zeit der Erstuntersuchung ca. 50-jährige Patient hatte vor kurzem eine neue berufliche Aufgabe übernommen. Nach bald 30-jähriger Tätigkeit in einem Labor wurde er Sachbearbeiter. Ohne seriöse Einarbeitung wurde er „ins kalte Wasser gestoßen". Im Laufe der Zeit musste der Patient immer schwierigere, komplexere Aufgaben lösen, und er begann einen zunehmenden Druck zu verspüren. Er brachte deshalb seinen Vorgesetzten gegenüber Vorschläge vor, um gewisse Aufgaben umzuverteilen bzw. mehr Personal einzustellen. Seine Vorschläge fielen nicht auf fruchtbaren Boden, sie wurden nicht einmal an die nächsthöhere Instanz weitergeleitet. Zum Druck- und Stressgefühl gesellte sich langsam aber sicher eine deutliche Frustration hinzu. Da der Patient sehr gewissenhaft war, fiel es ihm schwer, gewisse Aufgaben zu delegieren. An sich selbst stellte er hohe Anforderungen: Die Tatsache, dass er alles äußerst korrekt und gewissenhaft ausführen wollte, ergab für ihn nur noch mehr Druck, da er die dazu nötige Zeit nicht hatte. Nachdem er einen neuen Vorgesetzten bekommen hatte, wurde es nicht einfacher, sondern noch schwieriger. Dieser überhäufte den Patienten immer mehr mit neuen Aufgaben, die ihn zeitlich und fachlich überforderten. In der immer spärlicher werdenden Freizeit konnte er zu Hause nicht „abschalten", und häufig träumte er nachts von seinem Vorgesetzten und vom Druck am Arbeitsplatz. Sein Chef sei ein Workaholic, der nie nein sagen könne und sich gar nicht bemühe, den Personalbestand aufzustocken, berichtete mein Patient. Sein Chef sei ein unterwürfiger „Jasager", der seine Vorgesetzten fürchtete und der sinnvolle Vorschläge seines Untergebenen („Untertan"!) nie „nach oben" weitergeleitet hätte. Immer mehr fühlte sich der Patient zu Hause unwohl, unruhig, gespannt, „ausgepumpt" und energielos. Er bezeichnete sich selbst als „ausgebrannt und enttäuscht". Eine unvermeidliche Folge war die Tatsache, dass auch das Familienleben Schaden zu nehmen begann.

In einer ersten Phase, wo sich das Burnout-Syndrom nur schwach abzuzeichnen begann, kam der Patient in meine Therapie, die etwa ein Jahr dauerte. Er klagte damals über Konzentrationsstörungen und darüber, dass er sich kaum mehr richtig freuen könne. Er äußerte auch das Gefühl, am Arbeitsplatz und zu Hause nicht ernst genommen zu werden. Regelmäßige Gespräche mit dem Patienten und ein Antidepressivum bewirkten eine deutliche Besserung im Befinden, sodass er nach ca. einem halben Jahr auf die Einnahme des Antidepressivums verzichtete und er wenig später die Therapie beenden konnte.

Zweieinhalb Jahre später meldete sich der Patient erneut in meiner Praxis, da er den Druck am Arbeitsplatz wieder so stark verspürte, dass er unter diversen Symptomen litt. Im Prinzip zeigte er ein ähnliches Zustandsbild wie bereits beschrieben, doch dachte er dieses Mal eingehender nach über eine vorzeitige Pensionierung oder über eine Reduktion seines Arbeitspensums. Die Möglichkeit einer Vorruhestandsregelung, welche die Firma bot, verpasste er, sodass andere Maßnahmen getroffen werden mussten. Es wurde wiederum eine Gesprächstherapie durchgeführt, und auch dieses Mal ein Antidepressivum eingesetzt. Da klare berufliche Perspektiven fehlten, reichten diese Maßnahmen nicht aus, sodass ich mit dem Personalarzt Kontakt aufgenommen und nach einer Regelung gesucht habe. Da der Patient mittlerweile 35 Dienstjahre hinter sich hatte, war es möglich, ihn zu 50 % zu pensionieren und zu 50 % weiter arbeiten zu lassen. Schon nach wenigen Monaten spürte er, dass der Druck nachließ, dass er sich in jeder Beziehung besser fühlte, er wieder lieber zur Arbeit ging, weniger gespannt war und er für seine Umgebung erträglicher wurde. Er schrieb mir Folgendes:

„Dank den 50 %, in denen ich nicht mehr arbeite, kann ich mich immer wieder regenerieren und so einen relativ stabilen Zustand erreichen ... Meine Einstellung zur Arbeit musste ich insofern ändern, dass ich von mir nicht mehr für jede Aufgabe 100 % verlange und die vorhandenen Probleme nicht als meine persönlichen Probleme sehe. Und inzwischen kann ich ab und zu auch nein sagen. Und jeden Tag arbeite ich daran, dass alles noch besser wird."

Das Burnout stellt einen Verschleiß von Werten, Würde, Geist und Willen dar – einen Verschleiß der menschlichen Seele. Die Krankheit entwickelt sich über einen längeren Zeitraum und entsteht in der Regel im Zusammenhang mit dem Arbeitsplatz, an welchem die ursprünglich meist sehr engagierten und dynamischen, gewissenhaften Menschen innerlich und äußerlich überfordert werden und schließlich jegliche Motivation verlieren. Das Vollbild eines Burnout entspricht einem depressiven Zustand. Verschiedene Faktoren am Arbeitsplatz wie zum Beispiel schlechtes Arbeitsklima, zu wenig Personal und Mobbing können der Entwicklung eines Burnout Vorschub leisten und sie begünstigen. Die an einem Burnout leidenden Menschen bedürfen einer psychotherapeutischen Behandlung, oft auch einer antidepressiven Medikation und einer Veränderung am Arbeitsplatz.

6 Chronic-Fatigue-Syndrom – gibt es das?

Ich habe keine Zeit, müde zu sein.
(Kaiser Wilhelm I.)

Während einer Tournee in Italien fühlte sich der Jazzpianist Keith Jarrett plötzlich wie vom Blitz getroffen. Sein Körper wurde ihm fremd, er war erschöpft, spürte diffuse Schmerzen und nichts war mehr so, wie es einmal gewesen war. Es kam ihm vor, als sei er von Außerirdischen übermannt worden. Die Ärzte diagnostizierten später ein chronisches Müdigkeitssyndrom (Chronic-Fatigue-Syndrom, CFS). Etwas vom Wenigen, worüber sich die Ärzte zunächst einig waren, war die Tatsache, dass das Krankheitsbild mit Außerirdischen nichts zu tun hatte [42]!

Was aber ist ein CFS? Es ist gekennzeichnet durch eine chronische Müdigkeit, wie der Name sagt. Diese kann nicht durch andere Krankheiten erklärt werden und muss für die Dauer von mindestens sechs Monaten bestehen. Diese Müdigkeit bessert sich nicht durch ausreichende Ruhe und ausgiebiges Schlafen. Oft beginnt das Zustandsbild schlagartig und plötzlich, nicht selten nach einer länger dauernden Stresssituation. Das CFS hat also nichts zu tun mit einer normalen Ermüdung, mit einer vorübergehenden Erschöpfung. Es sollten mindestens vier von acht Symptomen vorliegen, um die Diagnose CFS stellen zu können:

1. Störungen des Kurzzeitgedächtnisses und der Konzentration,
2. Halsschmerzen,

3. Empfindliche Hals- und Achsellymphknoten,
4. Muskelschmerzen,
5. Schmerzen in verschiedenen Gelenken,
6. Kopfschmerzen einer Art, die dem Betreffenden bisher nicht bekannt sind,
7. Schlaf, der keine Erholung bringt,
8. Zustandsverschlechterung nach körperlicher Anstrengung [124].

Oft wird als Beginn der Krankheit eine Infektion genannt, ein Fieberzustand, eine Grippe oder eine andere Viruserkrankung, von der sich der Betreffende aber nie mehr ganz erholt. Die Krankheit chronifiziert, und die permanenten Ermüdungszustände stehen im Vordergrund und behindern den Kranken in einem Ausmaß, das zur Invalidisierung führen kann. Schon kleine Aktivitäten können eine Erschöpfung auslösen wie zum Beispiel eine Besorgung, ein Einkauf oder ein Telefongespräch. Eine Zeit lang wurde das Epstein-Barr-Virus für die Entstehung dieser Krankheit beschuldigt, doch konnte dafür nie ein eindeutiger Beweis erbracht werden. Es scheint eine gewisse genetische Prädisposition für das Leiden vorzuliegen: Dafür sprechen gewisse Zwillingsstudien, bei welchen bei eineiigen Zwillingen eine höhere Konkordanz vorliegt als bei nicht-eineiigen. Die Ursache für dieses Leiden ist also unklar bzw. multifaktoriell, das heißt, es muss davon ausgegangen werden, dass diverse Gründe dazu führen, die Krankheit zum Ausbruch zu bringen. Es ist zum Beispiel bekannt, dass bei etwa 40 % der Patienten ein verminderter Cortisol-Spiegel vorliegt.

Wird am Computer in der medizinischen Literaturdatenbank medline der Suchbegriff CFS eingegeben, so stößt man auf etwa 3 000 Publikationen über eine Erkrankung, von der viele Ärzte behaupten, dass es sie gar nicht gäbe. Die Tatsache, dass die Erkrankung schwer fassbar und schwer nachweisbar ist, weist auf die Problematik hin, mit der die Betroffenen umzugehen haben. In unserer Leistungsgesellschaft gelten sie oft als „Weichei" oder, wie es Gerste in der NZZ ausgedrückt hat, fast hört es sich wie das Jammern eines Kindes gegenüber seiner Mutter an: „Ich will den Müll nicht vor die Türe bringen" [42].

Das Krankheitsbild ist nicht besonders häufig: Etwa 0,2 % der Bevölkerung soll daran leiden [42]. Die Häufigkeit in Hausarztpraxen wird auf etwa 0,5 % geschätzt [124]. Der Anteil der Frauen, die an CFS leiden, wird mit 70 % angegeben. Es sind vorwiegend jüngere Menschen betroffen. Der Altersgipfel liegt zwischen dem dreißigsten und vierzigsten Lebensjahr [124].

Bei einem so diffusen und schwer fassbaren Krankheitsbild ist die Therapie nicht einfach. Zunächst müssen andere Krankheiten körperlicher Art ausgeschlossen werden. Eine kognitive Verhaltenstherapie hat sich am ehesten bewährt, auf sie wird im Kapitel 17 „Psychotherapie“ kurz eingegangen werden. Mit dem Patienten muss ein schrittweiser Aufbau der körperlichen Leistungsfähigkeit besprochen und diskutiert werden. Als flankierende Maßnahmen können auch Psychopharmaka hilfreich sein: Ist das CFS mit einem depressiven Zustandsbild vergesellschaftet, müssen Antidepressiva eingesetzt werden. Die Psychotherapie gestaltet sich unter anderem deshalb schwierig, weil sich viele Patienten körperlich krank fühlen und nicht einsehen, dass ihnen eine Psychotherapie helfen könnte. Der Erschöpfung kommt in jedem Fall eine Warnfunktion zu, denn hiermit wird angezeigt, dass im Organismus etwas nicht richtig läuft und dass im Leben etwas geändert werden sollte. Es muss davon ausgegangen werden, dass der Erschöpfung psychobiologische Prozesse zugrunde liegen (Veränderungen von neuroendokrin-immunologischen Prozessen), doch muss sich die Therapie auf die Veränderung von primären Ursachen beziehen, also auf psychische Störungen, auf medizinische Erkrankungen und die individuellen Belastungen des Betreffenden [37]. Im Unterschied zur Erschöpfungsdepression, bei der das depressive Element im Vordergrund steht, sind es beim CFS die Müdigkeit und die geringe körperliche Belastbarkeit, die als primär erscheinen.

Mit Nachdruck sei darauf hingewiesen, dass bei solchen schwer fassbaren psychosomatischen Krankheitsbildern keine körperliche Ursache übersehen werden darf. Es ist also außerordentlich wichtig, dass solche Patienten vom Hausarzt oder Internisten genau untersucht werden auf mögliche körperliche Ursachen. Wird eine solche übersehen, liegt es auf der Hand, dass auch eine Psychotherapie keine große Hilfe bringen kann.

So ist beispielsweise bekannt, dass ein Eisenmangelsyndrom ein ähnliches Befinden hervorrufen kann wie ein CFS. In allerletzter Zeit hat vor allem Schaub auf die Folgen eines Eisenmangelsyndroms, eines Ferritin-Mangels, hingewiesen [123 + 70]. Es geht hier nicht nur um eine gewöhnliche Eisenmangelanämie, sondern um das so genannte IDS: *Iron Deficiency Syndrome*. Es ist besonders bei Frauen im gebärfähigen Alter verbreitet. Eisen braucht der Organismus nicht nur, um Hämoglobin (= Blutfarbstoff) zu synthetisieren, sondern es ist auch ein Bestandteil des Myoglobins und ist von Bedeutung für die Synthetisierung verschiedener Transmittersubstanzen und Hormone, wie zum Beispiel Adrenalin und Dopamin. Doch wird Eisen primär benötigt für den Aufbau von Hämoglobin. Schaub ist der Ansicht, dass die offiziellen Minimalwerte für Ferritin, einem Eisenspeicherprotein, zu tief angesetzt sind. Die Normwerte werden für Ferritin mit etwa 20–200 ng/ml angegeben. Bereits bei Ferritinwerten unter 50 ng/ml können jedoch Symptome des Eisenmangelsyndroms auftreten: So etwa Erschöpfungszustände, verminderte Belastbarkeit, depressive Verstimmung, Reizbarkeit, Muskelverspannungen, Schwindel, Schlafstörungen und Kopfschmerzen. Manche dieser Symptome stimmen also mit dem CFS überein.

Logischerweise wird bei einem Eisenmangelsyndrom Eisen verabreicht, in der Regel in der Form von Tabletten oder Tropfen. Häufig gelingt es jedoch nicht, die Eisenspeicher in nützlicher Frist aufzufüllen, oder manche Patienten vertragen die Eisenpräparate schlecht. Heute werden solche Patienten mit intravenösen Eiseninfusionen behandelt. Nach wenigen Wochen fühlten sich 80 % der behandelten Frauen deutlich besser oder beschwerdefrei. Bei den mit Eisentabletten behandelten Frauen fühlten sich nur 20 % der Frauen deutlich besser.

Typisches Leitsymptom des Chronic-Fatigue-Syndroms (CFS) ist die chronische Müdigkeit und eine Verschlimmerung des Zustandes selbst schon bei geringer körperlicher Belastung. Das CFS ist umstritten und bedarf in jedem Fall einer genauen Untersuchung durch den Hausarzt oder Internisten, sodass keine körperliche Erkrankung wie zum Beispiel eine Virusinfektion übersehen wird. Das Krankheitsbild ist nicht besonders häufig, man nimmt an, dass etwa 0,2 % der Bevölkerung daran leiden. Über die Entstehung der Krankheit ist wenig bekannt: Oft geht eine Infektion oder eine andere Krankheit voraus. Manchmal ist das CFS mit einem depressiven Zustandsbild vergesellschaftet, sodass nebst der Psychotherapie auch Antidepressiva zum Einsatz kommen müssen.

7 Heimweh und Nostalgie

Heimweh:
„Anders wird die Welt mit jedem Schritt,
Den ich weiter von der Liebsten mache;
Mein Herz, das will nicht weiter mit.
Hier scheint die Sonne kalt ins Land,
Hier deucht mir alles unbekannt,
sogar die Blumen am Bache …"

(Eduard Mörike)

In einem Buch über Depressionen die Begriffe Heimweh und Nostalgie zu erwähnen, mag dem Leser eigenartig vorkommen. Was haben diese sentimental klingenden Begriffe mit unserem Thema zu tun? Sie haben durchaus mit unserem Thema zu tun: Es sind historische Begriffe, deren Wurzeln in der Schweiz gründen. In der westlichen Kultur galten die Schweizer – zumindest vom 17. bis 19. Jahrhundert – als Inbegriff derer, die Sehnsucht nach der Heimat hegen, und unser Land galt als Wiege des Heimwehs [125]. Dieses hat mit unserem Thema Depression sehr wohl Berührungspunkte. Die Geschichte des Heimwehs ist eng verbunden mit den Bereichen Medizin, Musik, Dichtkunst und somit mit der Kulturgeschichte ganz allgemein. Heimweh bedeutet Sehnsucht nach Daheim, ein Verlangen nach der Heimat. Im Schwäbischen wird bis in unsere Zeit hinein das Wort „Jammer" gebraucht, um Heimweh auszudrücken. Im Märchen „Frau Holle" der Gebrüder Grimm kommen die Bezeichnungen Heimweh, Verlangen und Jammer quasi nebeneinander vor:

> „Nun war (das Mädchen) eine Zeitlang bei der Frau Holle, da ward es traurig und wusste anfangs nicht, was ihm fehlte, endlich merkte es, dass es Heimweh war; ob es ihm hier gleich vieltausendmal besser ging als zu Hause, so hatte es doch ein Verlangen dahin. Endlich sagte es zu ihr: ‚Ich habe den Jammer nach Haus kriegt, und wenn es mir auch noch so gut hier unten geht, so kann ich doch nicht länger bleiben, ich muss wieder hinauf zu den Meinigen' " [125].

1688 verfasste Johannes Hofer seine Basler Dissertation zum Thema Heimweh. Er beschrieb darin das Heimweh als eine Krankheit. Er führte auch den Begriff Nostalgia ein. Als Ursache der Krankheit sieht Hofer psychische Faktoren, die er mit einem Herausreißen des Menschen aus seiner gewohnten Umwelt erklärt. Die immer wiederkehrenden drängenden Gedanken an das Heimatland sollen die Nerven des Kranken überreizen. Zu den Symptomen des Heimwehs gehören Traurigkeit, Appetitlosigkeit, Herzklopfen, Angstzustände, Verdauungs- und Schlafstörungen sowie auch Fieber. Ursprünglich sollen junge Männer aus wohlbehüteten Verhältnissen und Söldner aus der Schweiz betroffen gewesen sein. Später wurden auch Fälle von Nostalgie außerhalb der Schweiz beschrieben [24, S. 308]. Im Laufe der Zeit erhielt die Nostalgie verschiedenste Färbungen, so wurde sie einmal mehr als organische Läsion aufgefasst, ein andermal mehr psychosomatisch, später als Sonderform der Melancholie oder als reaktive Depression. Brunnert schreibt dazu:

> „Mit der fortschreitenden Entwicklung der modernen Medizin kamen im 19. Jahrhundert Zweifel an der Eigenständigkeit des Krankheitsbegriffs auf, der die Nostalgie als medizinisches Syndrom schließlich zum Opfer fiel."

Auch der Begriff Entwurzelungsneurose wurde im Zusammenhang mit der Nostalgie verwendet. In der Literatur über Heimweh und Nostalgie stößt man auch auf den Begriff der Sentimentalität. Treffend meint Pöldinger dazu [107, S. 16], dass er die beste Definition nicht in einem Werk der Fachliteratur, sondern im Roman „Die Strudlhofstiege" von Haimito von Doderer gefunden habe:

> „Wenn die Vorliebe für ein Gefühl stärker wird als das Gefühl selbst, dann beginnt die Sentimentalität."

Heimweh trat auch in Zusammenhang mit Liebeskummer auf. Dieser Sachverhalt wird beispielsweise aus dem aus der Zeit der Romantik stammenden Gedicht *Heimweh* von Eduard Mörike ersichtlich.

Als Therapie wurde logischerweise die baldige Heimkehr des Kranken empfohlen, die eine unverzügliche Heilung bewirke. Falls eine solche nicht möglich war, sollte als psychotherapeutische Maßnahme die Hoffnung auf eine Rückkehr geweckt und erhalten werden.

Albrecht von Hallers Gedicht *Die Alpen* (1729) bildete die Basis für eine Art „Alpenseeligkeit", welche das kulturelle Europa im 18. und 19. Jahrhundert kennzeichnete. Wenige Jahre vor diesem Gedicht schrieb Haller ein anderes mit dem Titel *Sehnsucht nach dem Vaterlande* [125].

Aufgrund von Vorstellungen aus der mittelalterlichen Medizin wurde für verschiedene Krankheiten die „dicke Luft" verantwortlich gemacht. Robert Burton schrieb in seinem bekannten Werk *Die Anatomie der Melancholie* von 1621, dass er dicke Luft für eine der Ursachen der Melancholie halte. Die

> „Behauptung, die Schweizer lebten in der besten aller möglichen Lüfte, gepaart mit jenen Vorstellungen vom glücklichen, freien Leben der Alpenbewohner, die Albrecht von Haller 1729 in den ‚Alpen' entwickelte, machten Kulturgeschichte. In mehr oder weniger prägnanter Form finden sich diese Argumente in der Reiseliteratur und in der Touristikwerbung vom 18. Jahrhundert bis heute ... Diese positive Einschätzung der Alpenheimat prägte auch die Vorstellungswelt der Schweizer so stark und nachhaltig, dass sie noch im Réduit-Gedanken des zweiten Weltkrieges ihren Niederschlag fand und dass sie bis heute die Grundlage der schweizerischen Folklore bildet" [125, S. 81].

Auch wenn diese Aussagen übertrieben erscheinen mögen, so sind sie dennoch in unserem Zusammenhang interessant und tragen dazu bei, die Ursachen der Nostalgie als „Schweizererfindung" besser zu begreifen.

Johann Jakob Scheuchzer, der um 1700 Stadtarzt in Zürich war, hat den Begriff Heimweh eingeführt und bekannt gemacht [32, S. 9/10].

Johannes Hofer, Sohn eines Pfarrers, wurde 1689 Doktor der Medizin in Basel und war später in Mülhausen tätig, unter anderem als Stadtarzt. Seine Dissertation legte er 1688 der Basler Medizinischen Fakultät vor: Ihr Titel lautete *Dissertatio medica de Nostalgia oder Heimwehe* [32, S. 12]. Fritz Ernst sagt dazu in seinem Buch über Heimweh:

> „Denn die Überbeanspruchung einer einzigen Nervenbahn durch einen einzigen immerzu bohrenden Gedanken, bei gleichzeitiger Vernachlässigung aller andern Nervenbahnen aus allgemeiner Abstumpfung, muss den ganzen seelisch-körperlichen Haushalt schwächen und schließlich auf den Tod gefährden. Zum Glück kann die Medizin dem Patienten normalerweise helfen: je nach der Vordringlichkeit der Symptome durch Schwitzen, Aderlass, herzstärkende Mixturen, Brech-, Laxier- und Schlafmittel. Aber das Beste und Sicherste ist immer, dass man den Kranken heimschickt in das entbehrte Vaterland" [32, S. 15].

Hofer hatte mit seiner Dissertation großen Erfolg, der später auch seinem Professor, Herrn Harder, zugeschrieben wurde, dessen Name ebenfalls auf dem Titelblatt der Dissertation prangte.

Als Ursache für den Beginn der Heimwehkrankheit wurde um 1700 eine Melodie verantwortlich gemacht, die in den Schweizer Alpen in Zusammenhang mit den Kuhreihen gebracht wurde. Offenbar handelte es sich um eine Melodie, die beim Alpaufzug der Kühe gespielt wurde.

> „Es ist eine Melodie instrumentaler Art, welche der Obertonreihe des Alphorns mit Grundton C entspringt" [125].

In der heutigen Fachliteratur, die vorwiegend angelsächsisch geprägt ist, kommt der Begriff *homesickness* durchaus vor. Es existieren spezielle Studien zu diesem Thema. Verschuur et al. [147] unterscheiden zwei Arten von *homesickness*, beide werden in engen Zusammenhang gebracht mit Angst und Depression. Die Autoren kommen zum Schluss, dass Heimweh als Gefühlsgemisch (*mixed emotions*) aus Angst und Depression betrachtet werden müsse.

Van Tilburg et al. [146] bemerken, dass die Heimwehkrankheit (homesickness) in neuester Zeit nicht die Aufmerksamkeit in der Wissenschaft gefunden habe, die ihr eigentlich zukomme. Untersuchungen auf diesem Gebiet seien besonders wichtig im Hinblick auf Immigranten, Flüchtlinge und Soldaten.

Eine interessante Untersuchung ist die von Thurber [140], in welcher Heimweh bei 329 Knaben im Alter von 8 bis 16 Jahren untersucht wird, welche 2 bis 4 Wochen von ihren Eltern getrennt waren. 83 % der Knaben berichteten, dass sie zumindest an einem Tag Heimweh hatten. Fast 6 % litten an einer deutlich ausgeprägten Depression und Ängsten. Die *homesickness* wird auch in dieser Arbeit als eine Kombination von Angst und Depression definiert. Dass die jüngeren Knaben gegenüber den älteren ein erhöhtes Risiko aufwiesen, an Heimweh zu erkranken, erstaunt nicht.

Auch Gasselsberger [39] untersuchte 46 Schüler im Alter von 10 bis 11 Jahren, die in einem Internat untergebracht waren. 17 Schüler gaben an (37 %), an Heimweh zu leiden bzw. gelitten zu haben. Statistisch konnte eine positive signifikante Korrelation zwischen Heimweh und Neurotizismus nachgewiesen werden. Das heißt, dass die an Heimweh leidenden Schüler eine vorneurotisierte Persönlichkeit aufwiesen. Die Erwartung, dass Kinder mit mehreren Geschwistern oder Kinder mit einem Geschwister im Internat weniger an Heimweh litten als Einzelkinder, wurde nicht bestätigt. Gasselsberger nimmt an, dass die an Heimweh erkrankten Kinder aufgrund ungünstiger entwicklungspsychologischer Merkmale eine erhöhte Vulnerabilität aufweisen.

In einer neuen Studie wurde Heimweh bei 357 aus der Türkei stammenden Menschen in Deutschland untersucht [144]. Je bescheidener der Bildungsgrad der Migranten war, desto eher litten sie an Heimweh. Die geringsten Heimwehgefühle hatten Türkinnen mit einer Universitätsausbildung. Insgesamt ergab die Untersuchung bei den befragten Migranten eine stark ausgeprägte soziale Verunsicherung. Diese kann als Ausdruck von Ohnmacht und Kontrollverlust gesehen werden, die ihrerseits depressionsfördernd wirken. Von häufigen Todesgedanken berichteten 47 % der Befragten. Ein Zusammenhang zwischen Heimweh und Suizidgedanken konnte besonders bei Migrantinnen festgestellt werden.

Die Heimwehkrankheit war im 18. und in der ersten Hälfte des 19. Jahrhunderts eine allgemein bekannte Gemütskrankheit, die als Krankheitseinheit betrachtet wurde. Ursprünglich wurde sie bei Schweizer Söldnern beschrieben in einer Basler Dissertation von Johannes Hofer (1688). Auch in der heutigen Fachliteratur, die vorwiegend angelsächsisch geprägt ist, kommt der Begriff *homesickness* vor, und es existieren neuere Studien zu diesem Thema. Der heutige englische Begriff wird assoziiert mit einem „Gefühlsgemisch" aus Angst und Depression.

8 Stalking – eine Zeiterscheinung

Strenge Definitionen sind die stillen Gäste
bei sachlichen Diskussionen
(In Anlehnung an den Basler Physiker
Prof. Dr. Paul Huber)

Wenn ich diesen Titel als Kapitel wähle, tue ich im Grunde genommen etwas, das gegen meine innerste Überzeugung geht: Die Mode mitzumachen, kritiklos englische bzw. amerikanische Ausdrücke in unsere Sprache aufzunehmen. Der Ausdruck *stalking* scheint aber eine Ausnahme zu sein, da es keinen deutschen Begriff dafür gibt. In der 23. Auflage des Duden (2004) sind die Ausdrücke Stalker und Stalking aber zu finden, sodass davon auszugehen ist, dass die Begriffe zur Allgemeinsprache geworden sind und dass sie auch offiziell auf Deutsch angewendet werden können [31, S. 116]. Der englische Ausdruck *stalk* heißt eigentlich „auf die Pirsch gehen" oder könnte auch mit „sich anschleichen" übersetzt werden. Er entstammt also der Jägersprache. Genau das ist hier auch gemeint, allerdings auf Menschen übertragen. Es bedeutet, dass jemand über längere Zeit beobachtet wird, dass einem nachgestellt und man belästigt wird. Diese Art Belästigung kann schwerwiegende Konsequenzen haben, im Extremfall sogar den Tod. Der Ausdruck wird in der Psychiatrie seit etwa 20 Jahren verwendet und ist in Mitteleuropa erst seit relativ kurzer Zeit bekannt. Ursprünglich wurde er in den USA verwendet im Zusammenhang mit dem Belästigen von Hollywood-Stars. Heute kommt das Phänomen allerdings auch in der breiten Bevölkerung vor und ist viel häufiger, als gemeinhin angenommen wird. Man versteht unter Stalking also das böswillige Verfolgen und Bedrohen ganz normaler Menschen, die keineswegs berühmt sein müssen [31, S. 11]. Opfer sind oft ehemalige Partner, Bekannte oder Arbeitskollegen. Häufige Stalking-Opfer sind auch Psychiater und Psychotherapeuten. Eine Studie aus Graz, bei der über 100 Psychotherapeuten befragt wurden, ergab, dass 38 % irgendwann von einem ihrer Patienten beharrlich verfolgt und belästigt oder bedroht worden sind [8].

Wie gesagt, seit etwa Ende der 80er-Jahre des vorigen Jahrhunderts wurde der Begriff Stalking in den Massenmedien benutzt und auf besonders drastische, spektakuläre und medienwirksame Fälle angewendet, bei denen Stars wie zum Beispiel Jodie Foster und Rebecca Shaeffer Opfer wurden. Letztere, eine Serienschauspielerin, wurde 1989 in den USA von einem Mann erschossen, der sie längere Zeit mit Briefen verfolgt hatte. Stalking wird beispielsweise im bekannten Film *Fatal attraction* thematisiert [31, S. 13].

Das Phänomen ist nicht neu, es dürfte schon Jahrhunderte alt sein. Allerdings hat sich die Psychiatrie relativ spät damit zu beschäftigen begonnen. Entsprechende Verhaltensmuster wurden in der Psychiatrie schon früher als Einzelfälle beschrieben. Meist waren es Frauen, die an einem so genannten „Liebeswahn“ litten. Während der Zustand des Verliebtseins entweder gegenseitig oder vom Verliebten einseitig auf ein Objekt gerichtet ist, ist der am Liebeswahn erkrankte Mensch wahnhaft davon überzeugt, dass die andere Person in ihn verliebt sei. Rationale Argumente und auch Beweise, die das Gegenteil dessen dartun, was der Kranke zu wissen glaubt, werden wahnhaft umgedeutet als „Beweise“ für dessen oder deren Liebe. Nur bestimmte widrige Umstände hindern – in der Sicht des Kranken – das Gegenüber daran, diese Liebe zu zeigen. Der Liebeswahn entsteht psychodynamisch gesehen aus unerfüllter Liebessehnsucht und erotischer Unerfülltheit [55, S. 154]. Im Rahmen eines solchen Liebeswahns können Personen den vermeintlichen Liebhaber belästigen, bedrohen und ihn schädigen, das heißt sie können ein entsprechendes Stalking-Verhalten entwickeln. Der Anteil der an Liebeswahn Erkrankten, welche Stalking-Verhalten zeigen, ist bei beiden Geschlechtern recht hoch: Bei Frauen sind es gemäß einer neueren Studie 81 %, bei den Männern gar 98 % [31, S. 133/134]. Trotzdem ist der Liebeswahn ein eher seltenes Phänomen: Die meisten Stalker leiden nicht an Liebeswahn. Häufig leiden sie an anderen psychischen Störungen. Allerdings ist Stalking eine Verhaltensstörung und keine psychiatrische Diagnose.

Philipp Pinel schrieb 1800 über die *„Manie pour amour"* und verstand darunter eine „wahnhaft bedingte erotische Zuneigung" [80]. Sein Schüler Esquirol sprach von der *„Monomanie érotic"* (1838) und nahm diese als spezielle Krankheit in sein Lehrbuch auf. In der deutschsprachigen Literatur waren es Kraepelin und Kretschmer, die sich mit der Erotomanie auseinander setzten. Der Begriff Erotomanie ist mit dem Namen von de Clérambault verknüpft, einem französischen Psychiater [80], der 1927 den Liebeswahn beschrieb und als Erotomanie bezeichnet hatte [31, S. 12].

Dass in den letzten Jahren Stalking zu einem wichtigen Thema geworden ist, hängt unter anderem mit der gesellschaftlichen Entwicklung der westlichen Länder zusammen. Vor allem sind in diesem Zusammenhang zwei Punkte anzuführen:

1. Die Gleichberechtigung von Mann und Frau. Wenn früher davon ausgegangen wurde, dass sich die Frau in einer Beziehung gegenüber ihrem Mann unterzuordnen hatte, so wäre es wahrscheinlich als normal betrachtet worden, wenn der Ehemann seine entlaufene Frau hätte zurückholen und „zurückerobern" wollen. Im Zeitalter der Gleichberechtigung bekommt ein solches Verhalten aber eine ganz andere Bedeutung: Es wird als Übergriff, als Zumutung, als Nichtrespektieren des persönlichen Willens eines Menschen verstanden.
2. Der zweite Punkt betrifft die Mobilität des Menschen bzw. die Entwicklung der Technik. Stalking-Verhalten kann viel effizienter als in früheren Zeiten durchgeführt werden, denn heute wird jemand mit Telefonanrufen, mit Briefen, Fax, E-Mails und mit SMS belästigt. Auch kann ihm/ihr mit Auto oder Flugzeug in die ganze Welt nachgereist werden. Diese Möglichkeiten waren in früheren Jahrhunderten nur bedingt möglich, da beispielsweise das Reisen das Privileg einer sozioökonomischen Oberschicht war und nicht zum Alltag gehörte wie heute. Menschen verfügen heutzutage auch über mehr Freizeit und Mobilität als früher.

Eingehende und seriöse Studien zum Thema Stalking sind verhältnismäßig dünn gesät. Ende des letzten Jahrhunderts wurden in den USA 8 000 Frauen und 8 000 Männer telefonisch befragt, ob sie schon je Opfer eines Stalkers geworden waren. Nach bestimmten strengen Kriterien (unter anderem musste das Opfer erhebliche Angst durchgestanden haben) waren immerhin 8 % der befragten Frauen und 2 % der Männer schon einmal Opfer eines Stalking gewesen [31, S. 22]. Je nach Untersuchung, nach Studie und je nach Definition des Stalking muss davon ausgegangen werden, dass 12 bis 16 % der Frauen und 4 bis 7 % der Männer einmal in ihrem Leben Opfer eines Stalking-Verhaltens gewesen sind [31, S. 23]. Auch wenn uns diese Zahlen als recht hoch erscheinen und wenn sie für die USA zutreffender sein mögen als für Europa, so sei doch festgehalten, dass es sich beim Stalking auch hier um kein seltenes Phänomen handelt. Die Stalker sind meist männlich, die Opfer zumeist weiblich. Anders ausgedrückt: 80 % der Täter sind Männer und 80 % der Opfer sind Frauen [31, S. 65].

Eine neueste Untersuchung ergab für Deutschland ein Lebenszeitrisiko für Stalking von 15 bis 20 % für Frauen und von 10 bis 15 % für Männer. Diese Zahlen sind erstaunlich hoch. Es war also höchste Zeit, auch in Deutschland ein Anti-Stalking-Gesetz zu verabschieden, wie dies im November 2006 geschehen ist, nachdem schon mehrere westliche Länder ein solches eingeführt hatten [36].

In einer Untersuchung von 145 Stalkern, die begutachtet wurden, fand man ein hohes Maß psychischer Störungen. So hatten zum Beispiel 35 % ein Alkohol- oder Drogenproblem, 25 % litten an einer affektiven Störung und nur 5 % an einer Schizophrenie. Ein Großteil der Untersuchten litt an einer Persönlichkeitsstörung, zum Beispiel an einer dissozialen und narzisstischen Persönlichkeitsstörung, sowie auch an einer Borderline-Störung.

Knecht [80] unterscheidet folgende sieben typische Stalking-Methoden, die er als Grundmuster bezeichnet:

1. „Das hartnäckige Verfolgen des Opfers zu Fuß oder per Fahrzeug, wenn es das Haus verlässt.
2. Der demonstrative Aufenthalt im angestammten Lebensraum des Opfers.
3. Die fortdauernde physische Annäherung mit unerwünschter direkter Kontaktaufnahme.
4. Permanente Telefonanrufe rund um die Uhr.
5. Das Sich-Vergreifen am Eigentum des Opfers (z. B. Fahrzeug oder andere Gegenstände).

6. Das Überfluten mit Briefen bedrängenden Inhaltes.
7. Das Bedrohen des Opfers auf verschiedenen Wegen, evtl. anonym."

Die Opfer eines Stalking-Verhaltens sind einer chronischen Stresssituation ausgesetzt, die sich psychisch sehr negativ auswirkt, vor allem, wenn diese längere Zeit andauert. Gemäß einer Untersuchung, die 100 Stalking-Opfer umfasst, litten 74 % an chronischen Schlafstörungen, 48 % an Appetitstörungen, 47 % an häufigen Kopfschmerzen, 83 % gaben eine erhöhte Ängstlichkeit an, und über ein Drittel der Opfer litt an einer posttraumatischen Belastungsstörung (die in diesem Buch gesondert besprochen wird). Eine andere Untersuchung ergab, dass sogar 59 % der Stalking-Opfer an einer posttraumatischen Belastungsstörung litten [31, S. 33 + 34]. Es fallen auch Symptome der Depression ins Gewicht, die oft mit Angst einhergehen. Aufgrund der Hoffnungslosigkeit gegenüber der traumatischen Situation kann sich nicht selten eine Suizidgefährdung entwickeln, und es kann in der Folge zu Suizidhandlungen kommen. Eine andere Studie belegt, dass 24 % der Stalking-Opfer ernsthafte Suizidgedanken hegten oder gar Suizidversuche unternommen hatten [31, S. 83]. Auch die Gefahr einer Alkohol- und Drogenabhängigkeit besteht bei den Stalking-Opfern in vermehrtem Maße.

Die Autoren Pathé und Mullen [105] haben 100 Opfer eines Stalking-Verhaltens untersucht. Sie waren diesem Verhalten in einer Zeitperiode zwischen 1 Monat und 20 Jahren ausgesetzt. 58 % wurden bedroht und 34 % wurden physisch oder sexuell angegriffen. 83 % wiesen vermehrt Angstzustände auf, und 24 % hegten Suizidgedanken. 37 % litten an einem posttraumatischen Stresssyndrom. Bei einem Viertel der Stalking-Opfer war eine Zunahme des Alkohol- und Nikotinkonsums zu verzeichnen.

Die größte Gefahr für Leib und Leben des Opfers ist dann festzustellen, wenn mit dem Täter zuvor eine intime Beziehung bestanden hat [80].

Was kann getan werden? Zuerst muss man sich über das Stalking-Verhalten klar werden: Je früher man merkt, dass jemand ein entsprechendes Verhalten im Ansatz zeigt, desto eher kann man handeln. Es gilt zum Beispiel zu überlegen, was getan werden kann, um dem Täter nicht noch mehr Stoff und Möglichkeiten zu bieten, aktiv zu werden. Es geht also darum, das eigene Verhalten zu verändern, damit auch der Verfolger (hoffentlich) sein Verhalten ändern wird. Zu den wichtigsten Punkten gehören die folgenden:

1. Kontakte vermeiden. Nachdem dem Stalker gesagt wurde, dass man keine Kontakte wünscht, gilt es sich entsprechend konsequent zu verhalten. Es führt in der Regel zu nichts und ist auch sinnlos, wenn an dessen Vernunft appelliert wird. Jede erneute Kontaktaufnahme stellt für den Täter eine Art Belohnung dar und gibt ihm das Gefühl, erfolgreich zu sein und weiter „kämpfen" zu müssen. Wenn zum Beispiel vom Stalker ein Dutzend Mal angerufen wird und wenn jedes Mal konsequent der Hörer aufgelegt wird, beim 13. Mal aber ein Telefongespräch stattfindet (auch wenn das Opfer nur Dampf ablässt und den Verfolger beschimpft), bedeutet dies für den Verfolger, dass er bei 13 Anrufen einmal durchkommt und somit Erfolg hat!
2. Herstellen von „Öffentlichkeit". Aus einer falschen Scham heraus vermeiden es Stalking-Opfer manchmal, anderen von ihrem Problem zu berichten. Es ist jedoch äußerst wichtig, dass die nähere Umgebung des Opfers, Familie, Freunde und Nachbarn, von diesem Sachverhalt erfährt und darum weiß. Dies hat nicht nur eine gewisse moralische Unterstützung zur Folge, sondern kann auch verhindern, dass der Verfolger Menschen aus der Umgebung des Opfers einbezieht oder sie einspannt, sie zu Komplizen macht und in seinem Sinne missbraucht. Das Opfer kann etwa seinen Bekannten eine Photographie des Stalkers zusenden. Auch Kinder müssen entsprechend informiert werden, dass sie niemandem Auskunft geben und keine Informationen, zum Beispiel telefonisch, weitergeben.
3. Dokumentation: Wichtig ist das Sammeln von Beweismaterial und Aufzeichnungen über die jeweiligen Verfolgungsattacken. Entsprechende Vorfälle sollten dokumentiert werden mit den genauen Zeitangaben. Diese Dokumentation ist eine Voraussetzung für etwaige spätere polizeiliche und gerichtliche Maßnahmen [31, S. 71 ff.].

Opfer eines Stalking-Verhaltens bedürfen nicht selten einer Therapie. Da häufig depressive Symptome vorliegen, manchmal sogar ein ausgeprägtes depressives Zustandsbild, steht eine Psychotherapie im Vordergrund, die unter Umständen medikamentös unterstützt und flankiert werden muss. Es gelten hier grundsätzlich dieselben Voraussetzungen und Bedingungen, die in den gesonderten Kapiteln 17 und 18 über Therapie ausgeführt werden.

Auf schmerzliche Weise hat Monica Seles, die berühmte Tennisspielerin, zu spüren bekommen, was ein Stalker anrichten kann. Sie wurde 1993 bei einem Tennismatch niedergestochen. Ein junger Mann hat ihr ein Messer in den Rücken gerammt und sie verletzt. Der Vorfall am Center Court in Hamburg hat weltweit Schlagzeilen gemacht, und in der Folge wurde der Täter wegen verminderter Schuldfähigkeit lediglich zu zwei Jahren bedingt verurteilt. Der zuständige Psychiater soll ihn als „pathologisch entartet" bezeichnet haben. Das Verhalten des Täters zeige eine „irreale Idealisierung mit unbewussten sexuellen Elementen und einem Fanatismus, der bis zur Selbstaufopferung ging". Der Täter galt in seiner Umgebung als Einzelgänger, als gutmütig, als jemand, der niemandem etwas zu Leide tue. Erst nach dem Angriff auf Monica Seles wurde er als „gefährliche, tickende Zeitbombe" empfunden, zumindest von einer breiten Öffentlichkeit. Bereits als Kind soll Steffi Grafs „Verehrer" Einzelgänger gewesen sein, er sei von einer Tante erzogen worden, da er von der Mutter „abgeschoben worden sei". Schon in seiner Kinder- und Jugendzeit sei er mürrisch gewesen und habe tagelang oft kein Wort gesprochen. Da er keine Freunde hatte, soll er sich besonders mit dem Fernseher angefreundet haben. Hier lernte er auch Steffi Graf kennen, von der er zu schwärmen begann. Sie wurde seine absolute Traumfrau mit „den hübschesten Beinen aller Tennisspielerinnen". Er soll Steffi Graf manchmal zum Geburtstag einen Geldbetrag von 100 DM oder auch mehr gesandt haben, jeweils anonym [66]. Er freute sich unsagbar über Grafs Siege beim Tennis, und er soll nach ihren Niederlagen geradezu in Depressionen verfallen sein. Als Monica Seles zur ernsthaften Konkurrenz von Steffi Graf wurde, soll für ihn eine Welt zusammen gebrochen sein. Er habe sich ernsthaft mit Suizidgedanken auseinandergesetzt. Schließlich wollte er dem „Schicksal" nachhelfen und Steffi helfen, nicht überrundet zu werden im Tennis. Als Grund dafür, dass er Monica Seles niedergestochen hatte, soll er sinngemäß gesagt haben: „Ich habe es für Steffi Graf getan." Sein Ziel hat der Täter insofern erreicht, als Seles seit dem Attentat nicht mehr zu ihrer alten Form zurückgefunden hat und seit 2003 keine Turniere mehr bestreitet, obschon ihre Rückenverletzung keine lebensbedrohende war. Im

Zimmer des Täters hängen noch immer Fotos von Steffi Graf, auch neuere Aufnahmen fehlen nicht: Die Fotos des Ehemannes André Agassi und der gemeinsamen Kinder sollen die zweifelhafte Ehre haben, an der Wand des Täters zu hängen [38].

Wenn eine andere Frau Steffi Graf „gefährlich" geworden wäre, hätte der Täter wohl diese attackiert. Zu Steffi Graf, die er krankhaft idealisierte, hatte er nie eine Beziehung, weder vor noch nach der Tat. Seine imaginierte „Partnerin" bekam in seinem Leben eine Bedeutung, die jedes gesunde Maß übersteigt. Zwar kann wohl von „Fanatismus" geredet werden, doch entstammt die Idealisierung von Steffi Graf einer schwer gestörten Persönlichkeit. Der Täter nahm den Tod einer ihm unbekannten jungen Frau in Kauf, obschon er nie eine reale Beziehung zu Steffi Graf hatte und eine solche auch in Zukunft aussichtslos war. Dass der in einfachen Verhältnissen lebende Täter dem begüterten Idol Geld zusandte, entbehrt nicht einer gewissen tragischen Komik.

Hoffmann [66, S. 62 uff.] ergänzt zur Persönlichkeit des Täters Folgendes: Aufgrund des weitgehenden Fehlens elterlicher Zuwendung (vor allem von Seiten der Mutter) darf eine narzisstische Persönlichkeitsproblematik angenommen werden. Um dieses narzisstische Defizit zu kompensieren, wurde eine idealisierte Übertragung vorgenommen, indem der Täter schon zuvor Personen mit einem hohen Bekanntheitsgrad, sogenannte Prominente, auf naive Weise verehrte, so etwa den Papst und den Präsidenten der USA. Die idealisierende Fixierung von Steffi Graf begann etwa 1985, nachdem der Täter eine entsprechende Sportsendung im Fernsehen gesehen hatte. Interessanterweise hatte er nie zum Ziel, Steffi Graf persönlich zu treffen, eine Begegnung mit seinem Idol lag außerhalb seiner Vorstellungskraft. Laut eigenen Angaben wäre er vor Angst gestorben, wenn er ihr hätte gegenüber stehen müssen. Dieser Sachverhalt passt zu manchem Stalking-Verhalten, indem die Stalker einen direkten Kontakt mit der idealisierten Person meiden, da sie befürchten, zurückgewiesen zu werden. Trotzdem wollte er gegenüber Steffi Graf insofern nicht ganz anonym bleiben, als er wusste, dass sie von seinem Attentat auf Monica Seles erfahren würde und seine Person zur Kenntnis nehmen müsse. Zur Psychodynamik des Täters bemerkt Hoffmann:

> „Die innere Verbindung mit Steffi Graf fungierte für G. P. als Selbstobjekt, welches das narzisstische Loch füllen sollte, das in einer biographisch frühen Entwicklungsphase hinterlassen wurde, als ihm eine Idealisierung der Eltern und damit ein Gefühl von Zugehörigkeit und Bedeutsamkeit nicht möglich war. Die Teilhabe an der Grandiosität der international berühmten Tennisspielerin bildete sozusagen ein Ersatzobjekt für die gar nicht oder nur unzulänglich vorhandene Chance, eine idealisierte Eltern-Imago aufzubauen" [66, S. 63].

Offensichtlich sind Tennisspielerinnen ein beliebtes Ziel von Stalkern. So wurde öffentlich bekannt, dass Martina Hingis und Anna Kournikova eine Zeit lang Stalking-Opfer waren [81, S. 58]. In den USA soll es ein geflügeltes Wort geben, das etwa so lautet: „Hast du keinen Stalker, bist du kein Star." Diese Extremformulierung soll andeuten, dass ein Fanverhalten von den Stars durchaus gewünscht wird, dass dies zum Starsein gehört, doch trennt ein „Superfan" oft nur ein kleiner Schritt vom gefürchteten Stalker [81, S. 50].

Stalking heißt ursprünglich „sich anschleichen" oder „auf die Pirsch gehen" und bezeichnet heute in der Psychiatrie das böswillige Verfolgen und Bedrohen von Menschen, die mit dem Betreffenden keinen Kontakt wünschen. Mit der gesellschaftlichen Entwicklung, mit der Zunahme von Freizeit und Mobilität ist Stalking häufiger geworden und keineswegs mehr auf öffentliche Personen wie zum Beispiel Filmschauspieler oder Spitzensportlerinnen beschränkt. Die Opfer eines Stalking-Verhaltens sind einer chronischen Stresssituation ausgesetzt, die depressive Symptome zur Folge haben kann. Die größte Gefahr (unter Umständen Lebensgefahr) besteht für die Opfer, die zuvor eine intime Beziehung mit dem Täter hatten. 80 % der Täter sind Männer und 80 % der Opfer sind Frauen. Auf verschiedene Punkte, wie sich das Opfer am besten zu verhalten hat, wird eingegangen: 1. Kontakte vermeiden, 2. Herstellen von „Öffentlichkeit" und 3. Dokumentation.

9 Depressionen bei Frauen rund um die Geburt

Man muss die Menschen bei ihrer Geburt beweinen, nicht bei ihrem Tode.

(Montesquieu)

Eine schwangere Frau sieht einem freudigen Ereignis entgegen, sie ist „guter Hoffnung". Gerade dieses Element der Freude und der Hoffnung, die mit der Ankunft eines neuen Erdenbürgers verbunden ist, passt schlecht zum depressiven Element. Entsprechend sieht auch die Erwartung der Umgebung und der Gesellschaft aus: Eine Mutter, die soeben ihr vielleicht erstes Kind zur Welt gebracht hat, sollte auf Wolken schweben, im siebten Himmel sein und sich nur noch freuen können. Eine Mutter mit einem gesunden Säugling hat sich gefälligst zu freuen und hat keinen Anlass für trübe Gedanken, negative Stimmungen oder gar Depressionen, so lautet das gängige Klischee. Dass diese Vorstellung nicht der Wirklichkeit entspricht, ist allein schon deshalb so, weil sich für die junge Frau ein ganz neuer, nicht immer einfacher, Lebensabschnitt auftut, auf den sie sich nicht vorbereitet fühlt. Ihre berufliche Tätigkeit hat sie, zumindest vorübergehend, aufgegeben, vielleicht hat sie sich vorerst gänzlich aus dem Berufsleben zurückgezogen und ihre Stelle gekündigt. Ein ganz anderes Tätigkeitsfeld tut sich ihr auf: Sie hat einen völlig neuen Aufgabenbereich übernommen, der sie in einem gewissen Sinne 24 Stunden pro Tag auf Trab hält. Die neue Tätigkeit als Mutter eines Säuglings bedingt auch Fragen wie zum Beispiel: Genüge ich dieser

Verantwortung, dieser Aufgabe, werde ich meinem Kind gerecht? Mit anderen Worten kommen Fragezeichen und Ängste auf, die sich zuvor in dieser Art nie gestellt haben. Schwangerschaft und Geburt sowie die Zeit danach können für die Frau eine „biologische Krisenzeit" darstellen, die in der Gesellschaft kaum oder nur schwer als solche wahrgenommen wird. Manchmal leidet die junge Mutter an einem Ambivalenzkonflikt: Sie verliert in gewisser Weise einen Teil ihrer Autonomie und kann durch die Aufgabe ihres Berufes auch ihre finanzielle Unabhängigkeit und ihre sozialen Kontakte – zumindest vorübergehend – verlieren [114].

Depressionen können schon während der Schwangerschaft auftreten. In der Frühschwangerschaft hat etwa jede fünfte Frau Anzeichen einer Depression. Oft werden diese Symptome nicht erkannt und bleiben unbehandelt. Mit den depressiven Symptomen treten häufig auch ambivalente (zwiespältige) Gefühle auf gegenüber der Schwangerschaft [9]. Die Schwangerschaft selbst kann ein Auslöser (Trigger) für eine Depression sein. Hormonelle und psychische Veränderungen können dafür mit verantwortlich sein. Nicht zuletzt, weil sich eine Depression in der Schwangerschaft auch auf das Ungeborene negativ auswirken kann, bedarf die betroffene Frau einer Behandlung [132].

Wie häufig kommt es denn vor, dass Frauen nach der Geburt in eine Depression verfallen? In diesem Zusammenhang unterscheiden wir drei Störungen:

1. Am häufigsten ist die kurzfristige Verstimmung, die sogenannten „Heultage", die 3 bis 5 Tage nach der Geburt auftreten. Sie kommen bei 25 bis etwa 50 % aller Wöchnerinnen vor. Diese kurzfristigen Verstimmungen brauchen keine Behandlung im engeren Sinne.
2. Seltener sind die behandlungsbedürftigen „postpartalen" Depressionen, die in den ersten Monaten nach der Geburt auftreten können: Diese betreffen immerhin 10 bis 15 % der jungen Mütter.
3. In den ersten Wochen nach der Geburt kommt es bei 1 bis 2 Promille der Frauen zu einer Psychose [113].

Zu 1. Die harmlosen „Heultage", die in der ersten Woche nach der Geburt auftreten können, werden auch „Baby-Blues" genannt. In dieser Zeit unterliegen die Mütter einem raschen Stimmungswechsel und zeichnen sich durch eine hohe Empfindlichkeit aus. Diese wird mit hormonalen Veränderungen in Zusammenhang gebracht. Es handelt sich um ein Stimmungstief, das jedoch nach wenigen Tagen wieder einer normalen Stimmung Platz macht.

Zu 2. Postpartale Depressionen sind solche, die im ersten Jahr nach der Entbindung auftreten und behandlungsbedürftig sind. Die Depression selbst unterscheidet sich grundsätzlich nicht von anderen depressiven Zustandsbildern, doch ist zu beachten, dass bei der postpartalen Depression häufig eine emotionale Labilität vorliegt und dass sich die Inhalte des depressiven Grübelns auf das Kind und das Muttersein beziehen. Entsprechend sehen auch die Schuldgefühle aus. Etwa ein Drittel dieser depressiven Mütter leidet unter Zwangsgedanken, welche die Schädigung des Kindes zum Inhalt haben. Dass viele dieser Mütter ein Gefühl der Gefühllosigkeit ihrem eigenen Kind gegenüber verspüren, erschreckt sie und verstärkt die Schuldgefühle. Im Rahmen eines solchen depressiven Zustandsbildes können Gefühle von Zuneigung und Liebe gegenüber dem Säugling fehlen, ja, es können sich sogar ablehnende oder feindselige Gefühle entwickeln [114].

Es hat sich gezeigt, dass Mütter, die nach der Geburt depressiv werden, häufig zu wenig soziale Unterstützung erhalten und dass sie des öfteren in einer schlechten Partnerbeziehung leben. Diese Faktoren können das Risiko erhöhen, nach der Geburt an einer Depression zu erkranken. Psychosoziale Risikofaktoren sind also von Bedeutung: ein kaum unterstützungsfähiger Partner, unzureichende Unterstützung aus dem sozialen Umfeld sowie Stress und Angst bei der Versorgung des Kindes. Nicht selten leidet auch der Partner an einer Depression (häufiger als erwartet) [65]. Verschiedene Forscher kommen zum Ergebnis, dass das Risiko, eine postpartale Depression zu entwickeln, bei folgenden Faktoren erhöht ist: Wenn Depressionen in der Vorgeschichte vorkommen (wenn die Frau vor der Schwangerschaft schon einmal depressiv war), wenn Depressionen und Ängste während der Schwangerschaft aufgetreten sind, bei allgemeinem Stress und bei Unzufriedenheit in der Partnerschaft [114]. Dies führt uns zum Begriff der Prädisposition: Etwa ein Drittel aller Frauen, die postpartal an einer Depression erkranken, hat schon vor ihrer Schwangerschaft an einer psychischen Erkrankung gelitten. Dies ist viel häufiger, als es der Durchschnittsbevölkerung entspricht. Für Frauen mit einer entsprechenden Prädisposition stellt also schon eine normale Schwangerschaft und Geburt einen Stressor dar, der bei vulnerablen (psychisch verletzlichen) Frauen zur Auslösung einer Depression führen kann [114].

Verschiedene Forschungsergebnisse sprechen dafür, dass die Veränderung im Östrogenhaushalt nach der Geburt eine Rolle spielt beim Zustandekommen dieser Depression. Die Östrogenkonzentration im Blut ist während der Schwangerschaft etwa 200-fach höher als sonst. Dieser Wert fällt nach der Entbindung innerhalb weniger Tage auf den Normalwert zurück. Es darf davon ausgegangen werden, dass dem Hormonhaushalt eine wesentliche Rolle zukommt in Bezug auf die Stimmungslage der Mutter, doch ist auch festzuhalten, dass die Geburt selbst für eine Frau ein aufwühlendes, emotionales Erlebnis darstellt, das eine Umstellung auf eine völlig neue Lebenssituation zur Folge hat und zu den tief greifendsten Erlebnissen im Leben einer Frau gehört.

Obschon solche Depressionen, die im Gefolge einer Geburt auftreten, gut behandelt werden können, steht es trotzdem nicht zum Besten bei diesen jungen Frauen. Häufig beginnt die Depression erst, wenn die Mütter längst wieder aus dem Krankenhaus entlassen worden sind. Nur etwa ein Viertel der Betroffenen sucht von sich aus professionelle Hilfe. Die meisten Frauen, die nach der Geburt an einer Depression erkranken, fühlen sich zwar subjektiv schlecht, sie glauben aber oft, dass sie nicht eigentlich krank seien und dass ihnen kein Arzt helfen könne. Sie sind nicht in der Lage, die Depression von einer normalen Reaktion auf die verschiedenen Belastungen, die eine Mutterschaft mit sich bringt, zu unterscheiden. Dabei wäre es besonders wichtig, dass gerade diese Art der Depression schnellstmöglich behandelt wird, da sich diese auch auf die Familie, ganz besonders auf den Säugling, auswirkt. Der Rückzug der Mutter, ihr Unvermögen, sich dem Kind so zuzuwenden, wie es eine gesunde Mutter tut, kann oft nachhaltige Folgen in der Entwicklung des Kindes nach sich ziehen. Die Mutter selbst spürt dies zwar irgendwie, doch entwickeln sich lediglich neue oder stärkere Schuldgefühle, und es kommt so zu einem unheilvollen Teufelskreis. Beim Kind kann es schlimmstenfalls zu Verhaltensauffälligkeiten, zu Entwicklungsstörungen im kognitiven Bereich kommen, die unter Umständen bis ins Schulalter nachgewiesen werden können [114]. Große Wichtigkeit kommt der Aufklärung über die Erkrankung zu. Auch müssen die jungen Mütter von ihren Schuldgefühlen befreit werden, das heißt, diese müssen im Rahmen einer unbedingt nötigen Psychotherapie besprochen werden. Häufig müssen Beratungsstellen eingeschaltet werden, welche die Mütter unterstützen und einen Beitrag leisten, dass diese aus ihrem Erschöpfungszustand herausfinden. Unter Umständen bedarf es auch einer Paartherapie, da bei der postpartalen Depression dem Partner eine noch wichtigere Rolle zukommt als bei einer Depression, die nicht im Zusammenhang mit einer Geburt auftritt. In diversen Städten, so etwa in Basel, werden auch Gruppentherapien angeboten, zum Beispiel ein „Gruppentherapiekurs für Mütter mit depressiven Störungen" [64]. Bei einem ausgeprägten depressiven Zustandsbild bedarf es auch einer medikamentösen Behandlung (Antidepressiva). Ob in der Folge einer Pharmakotherapie auf das Stillen verzichtet werden muss, sollte in jedem Fall mit dem behandelnden Arzt abgesprochen werden. Zu Recht schreibt Frau Riecher-Rössler [114]:

> „Gerade bei schweren Depressionen sollte nach allgemeiner derzeitiger Lehrmeinung wegen des Stillens aber auf keinen Fall auf Psychopharmaka verzichtet werden, da die Folgen der Depression für Mutter und Kind im allgemeinen als sehr viel schwerwiegender betrachtet werden als die potentiellen Folgen von Psychopharmaka."

Zu 3. Die sogenannten Wochenbettpsychosen sind, wie erwähnt, sehr selten. Wenn eine Psychose ausbricht, geschieht es zumeist innerhalb der ersten beiden Wochen nach der Geburt. Eine Psychose ist gekennzeichnet durch Wahnvorstellungen und Halluzinationen, auch so genannte Mischformen können vorkommen, die depressive und manische Komponenten aufweisen. Allerdings muss zur Kenntnis genommen werden, dass bei Frauen mit einer Wochenbettpsychose das Suizidrisiko im ersten Jahr nach der Geburt sieben Mal höher ist [18].

Obschon dem Thema Suizid ein eigenes Kapitel gewidmet ist, möchte ich in diesem Rahmen auf die Suizidgefahr hinweisen, die bei der postpartalen Depression droht. Diese Gefahr ist grundsätzlich nicht größer als bei jeder anderen Depression, doch besteht ein wesentlicher Unterschied: Schwer depressive Mütter begnügen sich manchmal nicht mit einer Suizidhandlung, die nur sie betrifft, sondern es kann zu einem sogenannten „Mitnahmesuizid" (erweiterter

Suizid) kommen, bei welchem auch der Säugling umgebracht wird. Glücklicherweise sind solche erweiterten Suizidhandlungen selten, doch handelt es sich stets um besonders tragische Ereignisse, die noch schwerer wiegen als eine Suizidhandlung eines Einzelnen. Was geht in seiner solchen Mutter vor, die zuerst ihr Kind umbringt (meist ein Säugling oder Kleinkind) und dann sich selbst oder es zumindest versucht? Vordergründig steht der Gedanke, dass das hilflose Wesen, das zurückbleibt, sowieso nicht überleben könne, dass niemand für es sorgt und deswegen „mitgenommen" werden müsse. Für eine Erklärung dieses tragischen Phänomens reicht aber diese vordergründige Betrachtungsweise nicht aus. Einer Überforderungssituation der Mutter kann zum Beispiel folgende Psychodynamik zugrunde liegen: Es steht fest, dass Frauen, die ihre Kinder umbringen oder misshandeln, auffällig oft als Kind selbst misshandelt worden sind. Das Kind wird zum Beispiel gestraft, weil es stört (weil es zu lange oder zu laut schreit), die Situation wird aber dadurch nicht besser, sondern das Kind weint noch mehr, sodass es noch mehr geschlagen wird. Solche Frauen hegen oft Erwartungen, die der Säugling oder das Kleinkind nicht erfüllen kann: Die Mütter suchen beim Kind Nähe und Geborgenheit, die sie früher selbst nicht erhalten haben. Dies führt zu Enttäuschung und Frustration. Der Glaube, dass sie vom Kind nicht geliebt werde, so wie sie früher von ihrer eigenen Mutter nicht geliebt wurde, wird immer stärker. Das Kind repräsentiert also einen bösen Anteil im eigenen Ich, der abgespalten und bestraft wird. Viele dieser Frauen haben Probleme mit ihrer Rolle als Mutter, aber auch Probleme mit ihrer eigenen Mutter beziehungsweise mit dem verinnerlichten Bild, der sogenannten Mutter-Imago. Die Tötung kann also stellvertretend für die Tötung der Mutter erfolgen.

Eine narzisstisch gestörte Mutter beispielsweise ist mit dem Kind symbiotisch verbunden und glaubt sozusagen, ein garantiertes Liebesobjekt zu besitzen. Eine Mutter, die ihr Kind umgebracht hatte, sagte später von ihrem Sohn, er sei ein „Spiegelbild meiner selbst" [153] gewesen. Sie erlebt ihn nicht als eigenständiges Wesen, als ein Gegenüber, sondern als einen Teil von sich selbst [52]. Während der Schwangerschaft und nach der Geburt kann die eigene frühe Mutter-Kind-Beziehung reaktiviert werden. Das Kind kann dann als „Container" für die eigenen destruktiven Impulse benutzt werden. Solche Erklärungen entsprechen nicht nur einem psychoanalytischen Modell, sondern haben einen realen Hintergrund. So berichtet Wiese beispielsweise, dass eine Mutter, nachdem sie ihr Kind getötet hatte, äußerte: „Der Gedanke, meine Mutter zu töten, ist ganz massiv; es ist mit Sicherheit mit ein Grund, warum mein Junge tot ist" [153]. Das Kind wird also von der Mutter nicht als getrennt existierendes Wesen wahrgenommen, sondern als Teil der eigenen Problematik, als Schmelztiegel, als „Mutter-eigene Existenz". Die Tötung des Kindes kann auch dahingehend interpretiert werden, dass eine Mutter als verlängerter Arm der eigenen Mutter handelt, die früher ebenfalls – vielleicht unbewusst – Tötungsimpulse verspürte, diese aber nicht auszuführen wagte. Mütter, die ihr Kind umbringen, befinden sich oft in einer akuten Lebenskrise: Nicht selten ist eine Trennung vom Partner voran gegangen. Eine solche Kränkung lässt Rachegefühle gegenüber dem Partner aufkommen, der durch den Tod des gemeinsamen Kindes bestraft werden soll. In der Tötung des Kindes kann von der Mutter auch eine Art „Rettung" gesehen werden: Es wird gleichsam dem Bösen der Welt entzogen. Eine Mutter meinte zum Beispiel: „Der liebe Gott ist der beste Vater den ich ihm geben konnte" [153].

Oft wirken Mütter, die ihr Kind töten, zuvor unauffällig und niemand würde ihnen „so etwas" zutrauen. Der aggressive Ausbruch gegenüber dem Kind kann plötzlich erfolgen. Die Tat wird meist nicht von langer Hand geplant, sondern auf einmal scheint es für die überforderte Mutter nur noch diese eine Lösungsmöglichkeit zu geben.

Der erweiterte Suizid bei Müttern – gemessen an allen Suiziden – kommt zum Glück sehr selten vor. Meistens sind es Säuglinge und Kleinkinder, die Opfer werden. Manchmal leiden die Mütter an psychotischen Zuständen, und oft sind diese Frauen schon als Kind von ihrer eigenen Mutter auf irgendeine Weise traumatisiert oder vernachlässigt worden. Es ist zu vermuten, dass die Ernsthaftigkeit der Erkrankung bzw. die Ernsthaftigkeit der Überforderungssituation der Mütter vor einem so fatalen Geschehen von der Umgebung nicht oder ungenügend wahrgenommen wird [52]. Dass schon Säuglinge und Kleinkinder depressiv werden können, ist in Laienkreisen kaum bekannt. Im nächsten Kapitel wird davon die Rede sein.

Therapeutische Interventionen sind bei den Depressionen nach einer Geburt außerordentlich wichtig und lohnend, denn sie sind gut behandelbar, und der Erfolg kommt nicht nur der Mutter selbst zugute, sondern auch dem ganzen Umfeld, dem Partner und dem Kind, das durch eine länger dauernde, depressive Phase der Mutter in seiner Entwicklung gestört werden kann.
Am häufigsten sind die „Heultage" („Baby-Blues"), die 3 bis 5 Tage nach der Geburt auftreten, harmlos sind und von selbst wieder vorbei gehen. Sie kommen aber immerhin bei einem Viertel bis zur Hälfte aller Wöchnerinnen vor. Die eigentlichen behandlungsbedürftigen postpartalen Depressionen, die in den ersten Monaten nach der Geburt auftreten, kommen immerhin bei 10 bis 15 % der Mütter vor. Dagegen ist die Zahl von auftretenden Psychosen in den ersten Wochen nach der Geburt sehr klein (1 bis 2 Promille).

10 Was ist eine anaklitische Depression?

O selig, o selig, ein Kind noch zu sein! (?)
(Lortzing: Zar und Zimmermann)

Diese Depressionsart ist nur in Fachkreisen bekannt. Das besonders Erschütternde ist, dass unter gewissen Umständen Säuglinge im ersten Lebensjahr dieser psychischen Krankheit erliegen können. Anaklitisch bedeutet eigentlich „anlehnend". Damit wird die Abhängigkeit des Säuglings von der Person zum Ausdruck gebracht, die ihn füttert, beschützt und ihm Zuwendung gibt. Wie kommt es, dass sogar Säuglinge an Depressionen leiden können? Es braucht dazu besonders widrige und tragische Umstände. Bevor ich darauf eingehe, möchte ich – zum besseren Verständnis – ein Tierexperiment schildern:

Ein bekannter Forscher, Harry Harlow, ließ junge Affen bei einem Muttterersatz aufwachsen. Dieses Muttersurrogat war mit einem synthetischen, warmen Fell ausgestattet und war mit zwei Milchflaschen statt Brüsten bestückt. Eine andere Gruppe von jungen Affen wuchs mit einem Muttersurrogat auf, das lediglich eine Eisendrahtattrappe war mit Milchflaschen, doch waren sie nicht mit einem Fell ausgestattet. Diejenigen Affen, die bei der Fell-Ersatz-Mutter aufwuchsen, konnten normale Gefühlsbeziehungen entwickeln so wie andere Affen, die „normal", das heißt bei der leiblichen Mutter, aufwuchsen: Sie klammerten sich daran fest und suchten bei ihr Schutz bei drohender Gefahr. Bei den jungen Affen jedoch, die nur die Eisendraht-Mutter kannten, wurde eine emotionslose Beziehung festgestellt, und die Jungen suchten keinen Schutz beim Muttersurrogat, wenn ihnen Gefahr drohte. Später war die Fortpflanzung derjenigen Tiere gestört, die mit dem Eisendrahtgestell aufgewachsen waren, im Gegensatz zur anderen Gruppe. Es zeigte sich auch ein Unterschied zwischen einem Eisendraht-Surrogat, das sich nicht bewegte, zu einem solchen, das sich bewegte. Ein sich bewegendes Surrogat ergab später für die Jungtiere bessere Resultate als eines, das sich nicht bewegte. Daraus folgt, dass einerseits dem Berührungsempfinden, dem taktilen Reiz, große Bedeutung zukommt und auch der Bewegung der „Mutter", auch wenn diese lediglich ein Kunstprodukt ist [59 + 15].

Die von Prof. Harlow an der Universität Wisconsin in Madison erzielten Resultate mögen heute fast selbstverständlich erscheinen, sie waren aber in den 50er-Jahren des 20. Jahrhunderts revolutionär. Die damalige Wissenschaft war der Ansicht, dass Kinder weniger umsorgt als abgehärtet werden sollten. So schreibt Deborah Blum [23], die Pulitzerpreisträgerin:

> „Den Psychologen jener Zeit kam das Wort Liebe nicht einmal versehentlich über die Lippen. Sie bezeichneten die Beziehung zwischen Kind und Eltern als ‚Nähe'."

Mit dem erwähnten Experiment soll dargelegt werden, dass für die menschliche Entwicklung Ähnliches gilt: Von ganz zentraler Bedeutung ist eine konstante Bezugsperson (in der Regel die Mutter oder der Vater), das liebevolle Gefüttert-Werden (man spricht in der Psychologie von einer oralen Phase), aber auch die wärmende Geborgenheit, die durch die Haut vermittelt wird und die der Säugling in der Regel spürt, zum Beispiel beim Akt des Stillens. Zu Recht haben in den letzten Jahrzehnten Autoren auf die Wichtigkeit dieser taktilen Phase im Leben eines Säuglings hingewiesen und deren Bedeutung betont und hervorgehoben (z. B. Battegay [15]).

1996 erhielt die *New York Times* einen Brief mit folgendem herausfordernden Satz:

> „Das Rechts-, Justiz- und Strafverfolgungssystem der USA wird dazu herausgefordert, in einem Gefängnis, einem Zuchthaus oder einer Besserungsanstalt der Vereinigten Staaten

> EINEN Mörder, Vergewaltiger oder Drogenabhängigen zu finden, der ‚zwei Jahre oder länger' – die Empfehlung der Weltgesundheitsorganisation– gestillt wurde [28, S. 119]".

Selbstverständlich kann das Problem nicht darauf reduziert werden, ob und wie lange ein Kind gestillt wurde (abgesehen davon, dass in der westlichen Welt kaum ein Kind zwei Jahre gestillt wird). Die Kernaussage des zitierten Satzes muss wohl so verstanden werden, dass Kinder, die als Säugling – und natürlich auch später – eine liebevolle Zuwendung erhalten haben, später weniger in Gefahr sind, ein schweres Verbrechen zu begehen oder überhaupt mit dem Gesetz in Konflikt zu geraten. Der Akt des Stillens wird also zum Symbol der gesunden normalen Zuwendung einer Mutter zu ihrem Kind – nicht zuletzt auch deshalb, weil das Stillen mit Berührung in engstem Zusammenhang steht.

Im 13. Jahrhundert soll der Hohenstaufen Kaiser Friedrich II. ein berühmt-berüchtigtes Kinderexperiment durchgeführt haben. Er ließ verwaiste Neugeborene durch Ammen und Wärterinnen pflegerisch betreuen, doch war es ihnen verboten, mit den Kindern zu sprechen oder sie zu liebkosen. Das Resultat? Alle starben innerhalb kurzer Zeit. Der Kommentar des Kaisers: „Sie konnten ja nicht leben ohne den Beifall, die Gebärden, die freundlichen Mienen und Liebkosungen ihrer Wärterinnen und Ammen" [57]. Selbst wenn der Wahrheitsgehalt dieser Geschichte nicht überprüft werden kann, enthält sie eine für uns aktuelle Lehre: Neugeborene und Säuglinge brauchen eine konstante Bezugsperson, welche ihnen liebevolle Zuwendung gibt, sich mit ihnen beschäftigt, sie füttert und ihnen Körperkontakt angedeihen lässt. Auch wenn uns dies heute banal erscheinen mag, so müssen wir doch zur Kenntnis nehmen, dass für viele Säuglinge diese elementaren Bedingungen nicht erfüllt sind.

Die anaklitische Depression wurde in den Jahren nach dem Zweiten Weltkrieg systematisch erforscht und beschrieben. Zu den bekanntesten Pionieren auf diesem Gebiet gehört René Spitz: Sein auf Deutsch vorliegendes Buch *Vom Säugling zum Kleinkind* gehört zu den Klassikern [133]. Die Folgen des teilweisen Entzugs affektiver Zufuhr gegenüber Säuglingen bezeichnet er als anaklitische Depression, den totalen Entzug affektiver Zufuhr nennt er Hospitalismus. Die anaklitische Depression beobachtete Spitz bei Säuglingen, die in der ersten Hälfte ihres ersten Lebensjahres eine gute Beziehung zu ihrer Mutter entwickelten, danach aber von ihrer Mutter getrennt wurden. Im ersten halben Jahr bestand also eine ungetrübte Mutter-Kind-Beziehung, und die Säuglinge hatten sich anfänglich normal entwickelt. Nach der Trennung von ihrer Mutter begannen die Säuglinge vermehrt zu schreien, sie interessierten sich nicht mehr für Vorgänge in ihrer Umgebung und wiesen einen traurig-resignierten Gesichtsausdruck auf. Die Säuglinge lagen apathisch-stumpf auf dem Bauch, und die zuvor unauffällige Motorik verlangsamte sich. Sie begannen an Schlaflosigkeit zu leiden, es traten auch Gewichtsverluste auf, und alle wurden gegenüber Infektionen viel anfälliger. Nach drei bis fünf Monaten wurden die Kleinen stiller, ruhiger und weinten kaum mehr. Ihr Gesichtsausdruck war unverändert starr, sozusagen „gefroren", und gegenüber den Kontaktpersonen verhielten sie sich abweisend. Von den 91 Kindern, die sich im Säuglingsheim befanden und von Spitz beobachtet wurden, starben im ersten Lebensjahr 34 (37 %) als Folge dieses Entzugs affektiver Zufuhr, das heißt als Folge der Trennung von der Mutter, die ihnen zuvor Liebe, Zuwendung, Geborgenheit, Hautkontakt und Nahrung vermittelt hat [57, S. 78]. Dass Menschen an einer Depression sterben können (ohne Suizid zu begehen), mag vielen eigenartig erscheinen. Trotzdem gilt dies nicht nur für emotional vernachlässigte Säuglinge und Kleinkinder. Bei Erwachsenen ist durchaus etwas Analoges zu finden. Stumpfe [137] hat den psychogenen Tod beschrieben, der zum Beispiel in Kriegsgefangenschaft und in Konzentrationslagerhaft vorgekommen ist. Das psychische Befinden jener Menschen war gekennzeichnet durch Regression, Depression und Apathie. Alles ist ihnen gleichgültig geworden. Keine Drohung und keine Strafe konnte sie noch erschrecken oder ängstigen, kurz bevor sie gestorben sind [137, S. 41]. Säuglingen, die an einer anaklitischen Depression sterben, mag es genauso ergehen, nur können sie es nicht aussprechen!

Das Wesen der anaklitischen Depression und des Hospitalismus war zwar schon vor der Ära René Spitz bekannt – sie wurden bereits um das Jahr 1900 von verschiedenen Autoren beschrieben –, doch wurde das Phänomen von Spitz systematisch untersucht und in der Fachwelt durch ihn bekannter als zuvor. Glücklicherweise ist diese schwere Erkrankung bei Säuglingen heute – zumindest in westlichen Ländern – nur noch selten anzutreffen. Die Voraussetzung für die klassische anaklitische Depression ist interessanterweise die Tatsache, dass der Säugling im ersten halben Jahr seines Lebens eine ausgesprochen gute Beziehung zu seiner Mutter gehabt hat [133, S. 288]. Wird den Kindern, die an einer anaklitischen Depression leiden, innerhalb von drei bis fünf Monaten ihre Mutter zurückgegeben, werden sie wieder gesund. Dauert die Trennung von der Mutter jedoch länger als fünf Monate, und werden auch keine anderen Objektbeziehungen aufgebaut (das heißt, wenn auch sonst keine konstante Bezugsperson vorhanden ist, die dem Kind Wärme und Geborgenheit gibt), beginnt ein Verfall, der im Allgemeinen irreversibel zu sein scheint [133, S. 289], das heißt eine körperliche, geistige und seelische normale Entwicklung des Kindes ist dann nicht mehr gewährleistet. Spitz beschreibt auch unterschiedliche Grade des Verfalls, indem er zum Beispiel Zustände im Säuglingsheim von denjenigen im Findelhaus unterscheidet: Im Säuglingsheim wurden die Säuglinge bemuttert, im Findelhaus dagegen nicht [133, S. 291]. Mit schweren irreversiblen intellektuellen und affektiven Schädigungen muss dann gerechnet werden, wenn die schwere Frustration (Entzug der Mutter) im ersten Lebensjahr beginnt und sie etwa drei Jahre andauert. Beginnt die Trennung von der Mutter (Deprivation = Vernachlässigung) erst im zweiten Lebensjahr, so treten ebenfalls Persönlichkeitsveränderungen auf, die jedoch eine größere Tendenz haben, reversibel zu sein [57, S. 81].

Leider hat sich auch nach der Ära Spitz Gelegenheit für weitere Studien mit vernachlässigten Säuglingen und Kleinkindern geboten. Nach dem Ende des Ceausescu-Regimes in Rumänien, Ende der 80er-Jahre des 20. Jahrhunderts, wurde die Aufmerksamkeit der Öffentlichkeit auf viele Kinder gelenkt, die in Heimen unter den schlimmsten Bedingungen aufgezogen wurden und dahinvegetierten. Sie wurden hochgradig vernachlässigt und entbehrten der elementarsten Voraussetzungen, die Kinder für ein gedeihliches Wachstum und eine gesunde Entwicklung benötigen. In Westeuropa wurden humanitäre Einsätze für die Kinder in Rumänien organisiert und durchgeführt. Zu Beginn der 90er-Jahre wurden 324 solche Kinder von englischen Familien adoptiert. Dieses „natürliche Experiment" wurde wissenschaftlich untersucht, um die Folgen einer länger dauernden groben Vernachlässigung zu beschreiben bzw. um die Frage zu klären, inwieweit solche frühen Schäden, welche die kleinen Kinder erlitten hatten, rückgängig zu machen, also reversibel sind [120, S. 93 uff.]. Das Alter der rumänischen Kinder lag zur Zeit der Adoption zwischen wenigen Wochen und 42 Monaten. Als Vergleichsgruppe wurden 52 Kinder ausgewählt, die in England geboren wurden und vor dem Alter von sechs Monaten adoptiert wurden. Die Kinder aus Rumänien wiesen zur Zeit der Adoption alle deutliche Entwicklungsverzögerungen, Unterernährung und diverse gesundheitliche Probleme auf. Die späteren Untersuchungen dieser Kinder im Alter von vier, sechs und elf Jahren zeigten, dass sie in den beiden ersten Jahren in England ihren Entwicklungsrückstand am besten aufholen konnten. Die späteren Jahre änderten daran nur noch wenig. Die Resultate ergaben auch, dass eine lineare Beziehung besteht zwischen der Dauer der Vernachlässigung im Heim und dem Grad der Defizite der Kinder. Die Kinder aus Rumänien zeigten bei der Adoption in England umso niedrigere IQ-Werte, je länger sie zuvor in einem rumänischen Kinderheim gewesen waren (IQ = Intelligenzquotient: Der durchschnittliche, „normale" IQ liegt zwischen 90–110). Betrug die Zeit, in der die Kinder in einem Heim waren, weniger als sechs Monate, war mit elf Jahren der durchschnittliche IQ 101, wenn sie zwischen 6 und 24 Monaten in einem Heim waren, betrug der spätere IQ im Durchschnitt nur 86, bei einer Dauer von mehr als 24 Monaten sogar nur 83 [120, S. 96]. Das Gesagte gilt jedoch nicht nur für die Intelligenz der Kinder, sondern auch für die sozialen Beziehungen. Das allgemeine Verhaltensmuster der rumänischen Kinder zeigte bei der Adoption charakteristischerweise eine Mischung von Bindungsproblemen, Unaufmerksamkeit/Hyperaktivität sowie autistischen Problemen. In der Kontrollgruppe waren diese Symptome nicht feststellbar.

Die von René Spitz Mitte des letzten Jahrhunderts beschriebene anaklitische Depression („Anlehnungsdepression") kommt bei Säuglingen vor, die – von ihrer Bezugsperson, das heißt von der Mutter, getrennt – längere Zeit ohne emotionale Beziehungen und Affektaustausch in Heimen leben. Diese Form der Depression tritt besonders dann leicht auf, wenn zuvor ein guter emotionaler Kontakt zwischen Mutter und Säugling bestanden hat [106]. Hochgradig vernachlässigte Kinder, die in Heimen vegetierten, waren auch in Europa, in Rumänien nach dem Ceausescu-Regime, anzutreffen. Auch wenn in westlichen Ländern die anaklitische Depression selten geworden ist, halte ich es dennoch für wichtig darauf hinzuweisen, weil damit auch die Bedeutung der ersten Lebensjahre eines Kindes für sein späteres Leben aufgezeigt werden kann. Eine konstante Bezugsperson, in der Regel die Mutter, ist nicht nur für die spätere gedeihliche Entwicklung des Kindes von großer Bedeutung, sondern sie legt geradezu den Grundstein für das ganze spätere Leben.

11 Menschen, die Hand an sich legen

„Ein signifikantes Symptom des zwischenmenschlichen Kontaktverlustes in unserer Zeit ist die Ahnungslosigkeit über das, was in anderen vorgeht.“
(Prof. Dr. Erwin Ringel)

Gegenüber einem großen Krankenhaus befand sich ein Kaffeehaus, in welchem das Krankenhauspersonal Kaffee trank und kleinere Mahlzeiten einnahm. Die Angestellten der beiden Institutionen kannten sich gut, man sah sich täglich. Eines Nachts geschah etwas Eigenartiges: Der Oberkellner ging langsam am Krankenhaus vorbei und sah, dass in der Notfallstation Licht brannte. Kurz entschlossen betrat er das Krankenhaus und meldete sich beim Pförtner als Notfall an. Dieser blickte ihn erstaunt an, doch er tat seine Pflicht und meldete den Herrn Ober dem Dienst habenden Arzt. Wenig später stand der Oberkellner einem etwas schlaftrunkenen Assistenzarzt gegenüber, der ihn erstaunt fragte, was denn los sei. Der Herr Ober hatte Schwierigkeiten, die Sachlage zu erklären. Ja, er habe schon immer gewisse Probleme gehabt – so meinte er umständlich –, und als er vor der Klinik gestanden habe, habe er das Licht gesehen und gedacht, er könne da schon mal hinein gehen. Dem jungen Arzt kam die Sache etwas komisch vor und er fragte ihn ganz direkt, was er denn für Beschwerden habe. Der Herr Ober konnte nun nicht mehr ausweichen und sagte treuherzig, er komme wegen seiner Plattfüße! Der inzwischen hellwach gewordene

Assistenzarzt wurde nun sehr ungehalten und erklärte dem Oberkellner, dass er auf einer Notfallstation arbeite und dass seine Plattfüße nichts mit dieser zu tun hätten, und dass er gefälligst während des Tages seinen Hausarzt aufsuchen solle. Der Patient wurde auf unschöne Weise weggeschickt, um nicht zu sagen, weggejagt. Am darauf folgenden Morgen machte diese nächtliche Szene die Runde, und das Personal erfuhr von diesem merkwürdigen Patienten, den sie ja kannten, und der in der vergangenen Nacht die Institution Notfallstation missbraucht hatte. Je nach Temperament wurde darüber gelächelt oder geschimpft.

Allerdings hatte die Geschichte ein Nachspiel: Nach drei Tagen stand in der Zeitung zu lesen, dass der Oberkellner verschieden sei. Er hatte sich das Leben genommen! Die Geschichte erscheint nun in einem völlig anderen Licht. Es ist zu vermuten und sehr wahrscheinlich, dass der Oberkellner ein Gespräch mit einem Arzt suchte wegen einer tiefer liegenden Problematik. Ungeschickterweise begann er von seinen Plattfüßen zu sprechen und nicht von seinen wirklichen Problemen, die dem Arzt verborgen blieben. Es ist anzunehmen, dass dieser Patient schon bei seinem Besuch auf der Notfallstation depressiv war und dass er Suizidgedanken hegte, die er in die Tat umsetzen wollte. Patienten sprechen eben oft nicht direkt von ihrem wirklichen Anliegen, sondern manchmal von „Belanglosigkeiten", ohne die wirklichen Probleme zur Sprache zu bringen, oder sie werden vielleicht nur am Schluss des Gesprächs nebenbei beim Hinausgehen erwähnt. Diese Geschichte, die ein Kollege vor Jahren berichtet hat, ist mir sehr eindrücklich in Erinnerung geblieben. Sie wirft ein Licht auf die Schwierigkeiten, mit denen Ärzte und Therapeuten zu tun haben, die sich in der Suizidverhütung engagieren.

Die Zahl derer, die vor einer Suizidhandlung ärztliche Hilfe aufsuchen, ist recht hoch: Von denjenigen, die Suizid begangen haben, hatten 40 bis 50 % innerhalb des letzten Monats, 20 bis 25 % sogar eine Woche vor ihrer Selbsttötung (aus irgendwelchen Gründen) einen Arzt, meist einen Nicht-Psychiater, aufgesucht [1].

Pro Jahr begehen ca. 1,5 Millionen Menschen auf der Welt Suizid [26]. Die Zahl derjenigen, die versuchen aus dem Leben zu scheiden (Suizidversuche), wird auf etwa 20 Millionen geschätzt. Wenn man die unmittelbar Betroffenen, die Angehörigen, dazurechnet, so kommt man auf eine geschätzte Zahl von ca. 100 Millionen Menschen, die direkt oder indirekt von diesem tragischen Geschehen betroffen sind [43]. In Deutschland sterben etwa doppelt so viele Menschen durch Suizid als bei Verkehrsunfällen. Die Zahl der Suizide ist weltweit größer als die Zahl der Kriegsopfer [29]. Besonders hohe Suizidraten, besonders bei Männern, sind in den baltischen Staaten zu verzeichnen [26]. Bei Männern ist der Suizid generell viel häufiger als bei Frauen.

Wer ist am meisten gefährdet, eine Suizidhandlung zu unternehmen? Welches sind klassische Risikogruppen in Bezug auf vollzogene oder versuchte Suizide? Die häufigste Risikogruppe sind Menschen, die an einer Depression leiden. Überdurchschnittlich häufig suizidgefährdet (weit mehr als in der Allgemeinbevölkerung) sind auch Alkohol-, Medikamenten- und Drogenabhängige, alte, vereinsamte Menschen, solche, die durch eine Suizidankündigung auffallen und Personen, die bereits einen Suizidversuch hinter sich haben [74 + 50].

Es ist nicht erstaunlich, dass Depressive die häufigste Risikogruppe in Bezug auf Suizid darstellen. Es ist für diese Krankheit typisch, sich mit negativen Gedanken, mit pessimistischen Themen zu beschäftigen. Zudem leiden Depressive oft an einem ausgesprochenen Gefühl des Lebensüberdrusses, der Hoffnungs- und Sinnlosigkeit, das den Weg zu einer Suizidhandlung bahnt.

Es existieren Hinweise für grundsätzliche Unterschiede in den Träumen von Depressiven und Suizidalen. Träume von Depressiven sind oft dadurch gekennzeichnet, dass sich die Träumenden enttäuscht, bedroht und entwürdigt fühlen. Sie fühlen sich zurückgestellt, verlassen, lächerlich gemacht, kritisiert und verloren. Suizidale Träumer dagegen träumen oft von toten Menschen und vom Tod selbst, von Selbstzerstörung und der Zerstörung anderer Menschen.

Etwa 90 % aller Menschen, die durch Suizid ums Leben kommen, leiden an einer psychischen Erkrankung. In erster Linie sind es depressive Menschen. Viele erhalten keine entsprechende Behandlung. Langzeitstudien aus der Schweiz legen nahe, dass sich das Suizidrisiko durch eine konsequente Langzeittherapie stark reduzieren lässt, sogar bei Patienten, die in Bezug auf Suizidhandlungen als sehr gefährdet eingestuft werden müssen [14].

Vor etwa 50 Jahren hat Erwin Ringel in Wien das präsuizidale Syndrom beschrieben, welches aus drei Elementen oder Bausteinen besteht [116 + 117]:

1. der Einengung,
2. der gehemmten, gegen die eigene Person gerichteten Aggression,
3. den Suizidphantasien.

   1. Unter der Einengung versteht man das Gefühl, im seelischen Lebensbereich eingeengt zu sein. Die Betreffenden sind von allen Seiten behindert und fühlen sich – im wörtlichen wie im übertragenen Sinn – in einen immer enger werdenden Rahmen gepresst. Diese Situation wird als erdrückend und überwältigend erlebt, die Betroffenen fühlen sich ohnmächtig und ausgeliefert. Dinge, die zuvor eine große Wichtigkeit hatten, verlieren an Bedeutung: Es kommt zu einer Einengung der Wertwelt. Der dynamischen Einengung kommt ein Spontaneitätsverlust, eine Hemmung sowie passives Verhalten gleich. Es liegt aber kein Erlöschen der Persönlichkeitsdynamik vor, sondern eine Kanalisierung des Antriebs in Richtung Selbstzerstörung. Die dynamische Einengung bedeutet also, dass sich die Gefühle des Menschen in eine einzige Richtung bewegen, in Richtung Verzweiflung, Hoffnungslosigkeit – und Selbstzerstörung.
   2. Die Aggression ist gegen die eigene Person, gegen sich selbst gerichtet. Solche Menschen berichten etwa, dass sie alles in sich hineinfressen oder bisher alles geschluckt haben. Es besteht eine Aggressionshemmung bzw. eine Aggressionsumkehr, das heißt, es kann zu einem solchen Aggressionsdruck kommen, dass bestimmte Menschen in gewissen Situationen diesem Druck nicht mehr gewachsen sind. Die dabei häufig entstehende ohnmächtige Wut, mitverantwortlich für die Aggression gegen die eigene Person, kann zu einer „Implosion“ führen, das heißt zu einer Explosion nach innen. Eine Implosion kann als Anklage gegen die Umgebung, als ein Vorwurf an die Umwelt aufgefasst werden, da nicht nur eine Selbstzerstörung stattfindet, sondern zugleich auch Rachetendenzen an anderen ihre Erfüllung finden können. Ringel nennt in diesem Zusammenhang ein eindrückliches Beispiel:

Er fragte ein Mädchen, dessen Schwester durch Selbsttötung geendet hatte, und das selbst einen Suizidversuch unternommen hatte, wie seine Eltern hätten weiterexistieren sollen, wenn sie hätten erleben müssen, ein zweites Kind durch Suizid zu verlieren. Die spontane Antwort des Mädchens lautete: „Soviel Kinder wie meine Eltern verdienen würden durch Selbstmord zu verlieren, so viele können sie im ganzen Leben nicht zeugen!" [50].

3. Der dritte Baustein des präsuizidalen Syndroms ist die Zunahme und das Überhandnehmen von Suizidphantasien. Mit diesen Phantasien und Todeswünschen ist die intensive gedankliche Beschäftigung mit dem eigenen Tod gemeint. Zunächst stellt man sich vor, tot zu sein, es wird also nicht das Sterben selbst, sondern das Resultat des Sterbens phantasiert. Man denkt an Suizid, ohne dass es zu konkreten Plänen der Ausführung kommt, und schließlich werden bestimmte Suizidmethoden in allen Einzelheiten durchdacht und geplant. Was anfänglich wie ein Mechanismus zur Entlastung aussieht, erweist sich später als Bumerang: Die Suizidgedanken verselbständigen sich und drängen sich gegen den Willen zwanghaft auf und werden dann bis zum Tod immer intensiver, bis schließlich der geplante Suizid in allen Einzelheiten feststeht und auch der Termin minutiös geplant ist. Ist einmal dieses Stadium erreicht, kann es zur sogenannten „Stille vor dem Sturm" kommen: Der Betreffende kann ruhig und abgeklärt erscheinen, sodass die Umgebung das Gefühl hat, seine Depression habe sich gebessert.

Das präsuizidale Syndrom kann innerhalb von Stunden oder auch Wochen und Monaten durchschritten werden. Nicht alle, die eine Suizidhandlung begehen, sind zuvor im klinischen Sinne depressiv, aber doch eine Mehrheit. Bei einem Verdacht auf eine vorliegende Depression sollte der Arzt stets nach Suizidimpulsen und entsprechenden Gedanken fragen.

In einer Untersuchung von Frau Josephy [70] wurden sämtliche Patienten, die drei bis vier Jahre zuvor wegen eines Suizidversuchs in einer medizinischen Intensivstation des Kantonsspitals Basel hospitalisiert waren, nachuntersucht. Von ursprünglich 109 Patienten (66 Frauen und 43 Männer) konnten 43 (31 Frauen und 12 Männer) persönlich befragt werden. Die meisten Suizidversuche (89 %) erfolgten durch Intoxikation mit Medikamenten oder Medikamenten und Alkohol. Fünf Frauen und fünf Männer haben im Zeitabschnitt bis zur Katamneseerhebung (also in den darauf folgenden drei bis vier Jahren) Suizid begangen. 40 % der nachuntersuchten Gruppe hatten schon vor der untersuchten Suizidhandlung mindestens einmal einen Suizidversuch unternommen. Beim Aufwachen auf der Intensivstation berichteten 16 % Erleichterung darüber, dass der Tod nicht eingetreten war. Bei der späteren (katamnestischen) Untersuchung jedoch äußerten sich 72 % positiv in Bezug auf ihr Leben, bzw. in Bezug auf die Tatsache, dass sie damals die Suizidhandlung überlebt hatten. 76 % bezeichneten die jetzige Lebenssituation als deutlich besser als zur Zeit des Suizidversuchs. Diese Untersuchung zeigt eindrücklich, dass sich Suizidverhütung lohnt. Es ist von großer Wichtigkeit, dass Menschen, die versucht haben, ihrem Leben ein Ende zu setzen, für eine Therapie bei einer Fachperson motiviert werden und von Freunden und Bekannten nicht im Stich gelassen werden. Ein Suizidversuch muss grundsätzlich als „Hilfeschrei" interpretiert werden; manchmal erfolgt dieser bewusst, nicht selten auch unbewusst.

Je mehr auf dem Gebiet der Depression geforscht wird, desto deutlicher wird, dass Depressionen häufiger sind als früher angenommen. Viele Depressive werden nicht als solche erkannt und auch nicht behandelt. Dieser Umstand hängt einerseits damit zusammen, dass manche Betroffene den Krankheitswert nicht erkennen und somit keine Behandlung aufsuchen, und andererseits damit, dass nicht selten Depressive vom Hausarzt (von der meist ersten Anlaufstelle) nicht als solche erkannt und damit auch nicht behandelt werden können. In amerikanischen Allgemeinpraxen soll etwa die Hälfte der Depressiven nicht als solche erkannt werden [13].

Nach einem Suizid gilt es, sich um die Hinterbliebenen zu kümmern. Diese haben oft mit schweren Schuldgefühlen zu kämpfen, da sie sich für die Tat mitverantwortlich fühlen, weil sie glauben, etwas versäumt oder falsch gemacht zu haben. Es kann sogar zu Selbstbestrafungswünschen kommen, die ihrerseits die Basis legen für eine suizidale Entwicklung. Menschen, die einen Partner oder sonst ein Familienmitglied durch Suizid verloren haben, haben ein höheres Risiko, später an einer Depression zu erkranken, psychosomatische Beschwerden zu entwickeln und auch selbst suizidal zu werden [14].

Oft haben nicht nur direkt Betroffene diesbezüglich Mühe, sondern auch Menschen in helfenden Berufen, wie etwa die Polizei, Feuerwehrleute und Psychiater. Personen, die in diesen Berufen tätig sind, haben eine höhere Suizidrate, als es der Durchschnittsbevölkerung entspricht. Ein Suizid eines Nahestehenden ist immer mit starken Emotionen verbunden: Solche Menschen empfinden mehr Angst und Schuldgefühle als andere, die jemand durch einen Unfall oder eine Krankheit verloren haben. Auch die Wut kann angesichts eines Suizides extreme Ausmaße annehmen; so sagte einmal eine Patientin über den Suizid ihres Ehemannes: „Ich bin so wütend über ihn, dass wenn er zurückkäme, ich ihn am liebsten umbringen wollte!" [53]. Schock und Trauer stehen am Beginn eines Trauerprozesses, der sich widersprechende Gefühle und Gedanken beinhalten kann. Für diesen Trauerprozess braucht es Mitmenschen, Freunde, welche diese Emotionen ohne Vorbehalte auszuhalten willens und imstande sind. Nicht alle Betroffenen haben so gute Voraussetzungen für die Bewältigung der Trauerarbeit, sei es aufgrund ihrer psychischen Stabilität oder aufgrund dessen, dass ihnen stabile Freunde und Bekannte fehlen. Es ist daher auch möglich, dass die Trauer in eine Depression übergeht oder sich eine depressive Entwicklung anzubahnen beginnt.

Das Risiko des Internet wird in Bezug auf Suizidhandlungen oft unterschätzt. Eine immer größer werdende Anzahl von Internetseiten beschreibt Verfahren zur Selbsttötung (sog. „*cybersuicides*"). Auch Informationen zu tödlichen Medikamentendosierungen werden geschildert. Cybersuizide könnte man als internetgestützte Selbsttötung definieren. Beim Suchwort „*suicide*" sind Tausende von Einträgen zu finden, die mit verschiedenen Suchmaschinen erfasst werden können. Es geht aber nicht nur um sachliche Mitteilungen zum Thema Suizid, sondern um sogenannte „Newsgroups", wo suizidbezogene Mitteilungen unzensiert platziert werden können, oder um den „Internet-Relay-Chat-Channel", wo Online-Diskussionen zu diesem Thema geführt werden. Die Diskussionen um Abschiedsbriefe und Suizidtagebücher können zu Debatten führen, die eine große Gefahr darstellen, indem sich in den Diskussionsforen ein nicht zu unterschätzender Gruppendruck aufbaut, der den Auslöser der Diskussion dazu bringen kann, die angekündigte Tat auch wirklich auszuführen [78].

Der Nachahmungseffekt ist bei Suizidhandlungen nicht zu unterschätzen. Aufgrund der Erfahrung, die nach Goethes Erscheinen seines *Die Leiden des jungen Werther* gemacht wurde, wird dieser Sachverhalt „Werthereffekt" benannt. Dieser besagt, dass die Verbreitung eines Suizids in den Massenmedien – zumindest auf gewisse Weise, etwa in groß aufgemachter Form auf der Titelseite mit Abbildungen – eine „ansteckende" Wirkung auf andere ausübt, das heißt, dass kurz nach einer solchen Meldung Suizide gehäuft auftreten, die nicht mehr der Häufigkeit der statistischen Norm entsprechen. Oft wurde dieser „Werthereffekt" heruntergespielt oder in Zweifel gezogen, bis in den 80er-Jahren des 20. Jahrhunderts der Nachweis einer „ansteckenden" Wirkung durch fiktive Modelle bewiesen werden konnte. Anlass dazu war die 1981 im Zweiten Deutschen Fernsehen ausgestrahlte Serie *Tod eines Schülers*. Jedes Mal wurde zu Beginn der Ausgang der Selbsttötung eines Schülers gezeigt: Der 19-jährige Klaus Wagner warf sich vor einen vorbeifahrenden Zug. Die Fernsehserie wurde eineinhalb Jahre später wiederholt [50]. Schmidtke und Häfner [127] konnten belegen, dass die Suizidrate unmittelbar nach der Ausstrahlung der Sendung überdurchschnittlich gehäuft war:

> „Die Häufigkeitszunahme der Eisenbahnselbstmorde war am stärksten in den nach Alter und Geschlecht dem fiktiven Modell am nächsten stehenden Gruppen der Bevölkerung. Für Männer von 15–19 Jahren betrug der Anstieg für einen Zeitabschnitt von 70 Tagen während und nach der ersten Ausstrahlung gegenüber den Vergleichszeiträumen 175 %, für Frauen der gleichen Altersgruppe 167 %. Bei Frauen über 30 und bei Männern über 40 Jahren fanden sich keine signifikanten Anstiege mehr… Wissenschaftlich formuliert ist es damit erstmals gelungen, eine lang verfolgte Hypothese, das Lernen am fiktiven Modell, als Anstoß für Selbstmordhandlungen zu belegen" [127].

Wenn ein Psychiater ein Buch schreibt über depressive Patienten, die oft suizidal sind, kann es eine Versuchung sein, über Fallbeispiele zu berichten, bei welchen die Suizidgefahr und die zugrunde liegende Depression erfolgreich bekämpft und behandelt werden konnte. Jeder beruflich aktive Psychiater könnte vermutlich Dutzende solcher Beispiele schildern und damit aufzeigen, dass auch die psychiatrische Tätigkeit Erfolge zu verzeichnen hat. (Dies wird ja von vielen Laien und auch Medizinern angezweifelt!) Diese Erfolge sind für jeden engagierten Psychiater selbstverständlich und geradezu lebensnotwendig. Ich werde aber darauf nicht nur verzichten, sondern möchte das Gegenteil tun: Ich schildere im Folgenden die Behandlung einer Patientin, die depressiv war und ihrem Leben – trotz Therapie – ein Ende bereitet hat. Ich beschreibe also einen therapeutischen „Misserfolg", aus dem aber sicher gelernt werden kann.

Eine ca. 50-jährige Frau kam in Therapie, nachdem sie eine gescheiterte Ehe hinter sich hatte und ihr Freund zwei Jahre zuvor verstorben war. Zwei Wochen, bevor sie zu mir in Behandlung kam, hatte sie sich mit über 100 Tabletten eines Schlafmittels intoxikiert. Sie hatte es über die Feiertage zu Hause eingenommen, erwachte aber wenige Tage später aus ihrem Tiefschlaf, ohne dass medizinisch interveniert worden war.

An ihren alkoholabhängigen Vater konnte sie sich nicht erinnern, da die Ehe der Eltern geschieden wurde, als sie vierjährig war. Danach kam sie in ein Waisenhaus. In der Vorpubertät wurde sie bei ihrer Mutter wohnhaft, die sich inzwischen wiederverheiratet hatte. Zur Schule sei sie jeweils ungern gegangen, sie habe Angst vor dem Schulbesuch gehabt und sei keine besonders gute Schülerin gewesen. Mit 24 Jahren gebar sie eine Tochter, in späteren Jahren kamen zwei weitere Töchter hinzu, nachdem sie den Vater ihrer Kinder geheiratet hatte. Mit 42 Jahren trennte sie sich von ihrem Mann und einige Jahre später erfolgte die Scheidung. Anlass zur Scheidung war eine chronische psychische Erkrankung ihres Ehemannes. Nachdem sich die Patientin ihren Lebensunterhalt in der Hauspflege mehr schlecht als recht verdient hatte, führte ein Rückenleiden zur Arbeitsunfähigkeit.

Etwa ein Jahr vor ihrem Tod fragte mich die Patientin, ob sie einen Aids-Test machen lassen könne, da sie sich vor kurzem mit zwei verschiedenen Männern intim eingelassen habe. Der vom Hausarzt durchgeführte Test war negativ. Nach etwa drei Jahren Psychotherapie wurde ich von einer Freundin der Patientin benachrichtigt, dass sie sich erschossen habe. Etwa drei Monate vor ihrem Suizid hatte sie alle Medikamente, mit Ausnahme des Schlafmittels, abgesetzt.

Während der Psychotherapie standen vor allem folgende Problemkreise zur Diskussion und wurden entsprechend bearbeitet:
1. die depressive Stimmungslage und die Suizidalität der Patientin,
2. die Beziehung zu ihren Töchtern,
3. finanzielle Probleme,
4. Psychopharmaka.

Zu 1: Trotz einer regelmäßigen Psycho- und Pharmakotherapie kam es nie zu einer völligen Stimmungsaufhellung. Die Patientin klagte über Symptome wie Schlafstörungen, Konzentrationsstörungen, Einsamkeitsgefühle, Schuldgefühle und Ängste. Während der ganzen Therapiedauer war die Patientin latent suizidal und sie äußerte auch mehrmals, dass sie keinen Sinn im Leben sehe. Wenn sie bei ihrem letzten Suizidversuch gestorben wäre, müste sie jetzt nicht mehr leiden.

Zu 2: Auch eine ihrer Töchter hatte Jahre zuvor einen schweren Suizidversuch unternommen, sodass in der Folge eine Teilinvalidität zurückgeblieben war. Es gelang der Patientin aber, die Kontakte zu ihren Töchtern wieder aufzunehmen und neu zu knüpfen. Insgesamt hat sie diese Kontakte als positiv erlebt, obschon von Seiten der Töchter auch Vorwürfe gegen die Mutter erhoben worden waren.

Zu 3: Die Patientin musste zeitweise von einem Betrag leben, der dem Existenzminimum entsprach. Im letzten Lebensjahr bezog sie eine halbe Invalidenrente. Sie musste verschiedene Ämter aufsuchen, um darlegen zu können, dass das, was sie verdiente, nicht zum Leben ausreichte. Ihr geschiedener Mann wäre verpflichtet gewesen, ihr einen gewissen Betrag regelmäßig zu überweisen, doch scheint er dazu nicht in der Lage gewesen zu sein. In der Folge mussten sich verschiedene Instanzen mit der finanziellen Problematik der Patientin befassen. Diese Jagd nach der elementaren Existenzgrundlage war für die Patientin sehr belastend und erniedrigend.

Zu 4: Während ihrer Behandlungszeit erhielt die Patientin ein Antidepressivum, ein Schlafmittel und zeitweise auch ein Neuroleptikum. Sie neigte stark dazu, Medikamente in eigener Regie zu reduzieren oder abzusetzen, zumeist aus nicht ganz einfühlbaren Gründen. Verschiedentlich musste das Antidepressivum oder das Schlafmittel gewechselt werden, da sie zu wenig darauf angesprochen hatte. Die jeweils neu eingesetzten Psychopharmaka halfen ihr aber jeweils nur teilweise und zumeist während einer kurzen Zeitspanne über ihre Beschwerden hinweg.

In der Lebensgeschichte der Patientin fällt auf, dass sie von wichtigen, signifikanten Personen immer wieder enttäuscht und frustriert worden war. Mit ihrem leiblichen Vater verband sie keine Erinnerung. Zum Stiefvater konnte sie zwar eine gute Beziehung aufbauen, doch kam sie mit ihm erst etwa im Alter von zehn Jahren in Kontakt. Von ihrem Ehemann wurde sie maßlos enttäuscht wegen seines Verhaltens, das wohl vorwiegend in seiner Krankheit wurzelte. Die einzige wirklich gute Beziehung scheint die mit ihrem langjährigen Freund gewesen zu sein, der aber verstarb und sie somit auch „verlassen" hatte. Dessen Tod hat vermutlich eine depressive Entwicklung angebahnt. Der Intimverkehr mit zwei verschiedenen Männern, die sie nur sehr oberflächlich gekannt hatte, kann als Versuch gewertet werden, über die innere Leere und Vereinsamung hinwegzukommen. Die sehr kurzfristige „Verbindung" mit zwei fremden Männern hat die Patientin selbst kurz danach als gescheitert bezeichnet. Möglicherweise war sie auch von der therapeutischen Beziehung enttäuscht, da sowohl die Psycho- als auch die Pharmakotherapie nicht dazu geführt hat, sie nachhaltig aus ihrem seelischen Tief, von ihren Enttäuschungen und ihrer Depression zu befreien: Es ist ihr also nie gelungen, ein für sie befriedigendes Leben zu führen.

Der Tod dieser sympathischen Frau machte mich betroffen und kam für mich trotz allem unerwartet. Es tauchten verschiedene Fragen auf wie etwa:

- Hätte der Suizid verhindert werden können?
- Hätte es geholfen, wenn mehr Druck ausgeübt worden wäre, zum Beispiel wegen einer konsequenteren Einnahme der Antidepressiva?
- Hätte eine Hospitalisierung in einer psychiatrischen Klinik den Suizid hinausschieben oder gar verhindern können?
- Hätte ich die Patientin öfters zu Gesprächen bestellen und mich intensiver mit ihr und ihrem Schicksal befassen sollen?

Solche Fragen stellen sich grundsätzlich nach jedem Suizid. Meistens können sie nicht befriedigend beantwortet werden. Als Folge davon können Hilflosigkeit und Zweifel auftreten. Die Fragen des Therapeuten werden in diesem Falle noch dadurch verschärft, als keine Gespräche mit Angehörigen stattgefunden haben. Ihre Töchter haben während der Therapie keinen Kontakt mit mir gewünscht, und es sind auch keine Anfragen nach dem Tod der Patientin an den Therapeuten erfolgt. Dieses Beispiel zeigt unter anderem, dass eine Therapie zwar ein jähes und abruptes Ende finden kann, dass aber hintergründig der „Fall" nicht abgeschlossen und gelöst ist, denn die Nachricht eines Suizides, der eine eigene Patientin betrifft, wühlt den Therapeuten auf und stellt ihn in Frage. Fragen, die zuvor anders, nur am Rande oder gar nicht gestellt wurden, werden jetzt erst aktuell und bleiben für den Rest des Lebens unbeantwortet oder in einem spekulativen Bereich stecken [52].

Das vor 50 Jahren beschriebene präsuizidale Syndrom, welches die Psychodynamik eines Menschen vor seinem Suizid erklären soll, wird kurz beschrieben: Es besteht aus 1. Einengung, 2. der gehemmten, gegen die eigene Person gerichteten Aggression und 3. den Suizidphantasien. Pro Jahr begehen etwa 1,5 Millionen Menschen auf der Welt Suizid. Die Zahl derjenigen, die versuchen aus dem Leben zu scheiden, wird auf etwa 20 Millionen geschätzt. Besondere Risikogruppen in Bezug auf Suizidhandlungen werden erwähnt: in erster Linie sind es depressive Menschen. Auch wird die Wichtigkeit betont, dass nach einem Suizidversuch die Betreffenden und nach einem Suizid die Angehörigen Hilfe brauchen: Sie sollten möglichst nicht allein gelassen werden und ihre Emotionen, die der Trauerbewältigung dienen, sollten bedingungslos akzeptiert werden können.

12 Saisonale Depressionen und Lichttherapie

Es ist das Licht süß, und den Augen lieblich, die Sonne zu sehen

(Prediger 11, 7)

In einer Beilage der Basler Zeitung hat der frühere Direktor der Basler Psychiatrischen Universitätsklinik, Paul Kielholz, einen Artikel verfasst zum Thema *Weihnachten, die programmierte Depression?* [72]. Obschon die „Weihnachtsdepression" kein offizieller Begriff ist, sind viele Menschen in Gefahr, in dieser Zeit in ein seelisches Tief zu fallen, zum Beispiel aus folgenden Gründen:

Weihnachten ist ein besonders emotionales Fest, es löst wie kein anderes Kindheitserinnerungen aus und erinnert an eine Zeit, wo im Kreise der Familie gefeiert wurde, wo alles „noch in Ordnung" war. Viele dieser Familienmitglieder sind inzwischen verstorben, und der Betreffende ist vielleicht einsam und isoliert geworden. Man wird gewahr, dass man kaum mehr mitmenschliche Kontakte pflegt, und das Alleinsein wird am Jahresende besonders schmerzlich verspürt und empfunden.

Zudem hat der Mensch die Tendenz, am Ende eines Jahres Bilanz zu ziehen, über die Ereignisse des vergangenen Jahres nachzudenken, einen Blick in die Zukunft zu wagen. Häufig sieht diese Bilanz nicht so rosig aus, wie man es sich wünschte. Die Zukunft erscheint dann unsicher und kann Angst auslösen. Im Beruf hat man vielleicht nicht den Erfolg aufzuweisen, den man erwartet hat, und die entsprechende Anerkennung, sei es menschlich oder materiell, ist vielleicht erst recht ausgeblieben. Dass häufiger Frauen als Männer betroffen sind, dürfte einerseits damit zusammenhängen, dass erstere oft sensibler sind als Männer und andererseits damit, dass die Frau über die Festtage oft stärker belastet ist als der Mann, da sie sich als Hausfrau, als Mutter und als Berufstätige oft überfordert. Zusätzlich wird ihr vielleicht zu viel Verantwortung für das Gelingen der Festtage aufgebürdet. Diese Fakten haben wohl dazu geführt, dass eines der schönsten Feste in der westlichen Welt mit Negativattributen belegt und reduziert wird auf Ausdrücke wie etwa „Geldmacherei", „Hetzerei", „Geschenkrummel" oder „nur Heuchelei".

In seinem Artikel macht Kielholz aber noch auf einen ganz wesentlichen Aspekt aufmerksam: Emotionale Spannungen, Hetze, psychische und physische Überforderung, Doppelbelastung in Beruf und Haushalt sowie finanzielle Probleme sind nicht zwangsläufig depressionsauslösend, wenn ein gutes Familien- und Arbeitsklima vorhanden sind. Sogar schwere emotionale Erschütterungen können ohne gesundheitliche Schädigung überstanden werden, wenn die Betreffenden einen Familien- und Freundeskreis haben, der sie unterstützt und zu ihnen steht. Dass diese Voraussetzungen heute oft nicht mehr vorhanden sind, liegt auf der Hand. Kielholz gibt alleinstehenden, einsamen Menschen den Rat:

> „Hilf einem Mitmenschen, dass er die Feiertage nicht allein verbringen muss, und Du hilfst Dir dadurch selbst. Lade andere zum Weihnachtsfest, und Du erlebst es doppelt. Sehe und erlebe das Leid und die Verzweiflung anderer, und Du trägst Dein Leid leichter."

Dieser Rat entspricht nichts anderem als der alten Volksweisheit: „Geteiltes Leid ist halbes Leid, geteilte Freud ist doppelte Freud."

Die Weihnachtsdepression hat aber mit der typisch saisonalen Depression nur wenig oder nur bedingt zu tun. Unter einer saisonalen Depression wird etwas anderes verstanden: Sie wurde aufgrund der Fortschritte auf dem Gebiet der Chronobiologie beschrieben und entdeckt. Die Chronobiologie ist die Wissenschaft der biologischen Rhythmen. Die bekannte Chronobiologie-Forscherin Frau Wirz-Justice schreibt:

> „... dass die innere Uhr, der oberste zirkadiane Schrittmacher, in den suprachiasmatischen Kernen des Hypothalamus sitzt, und von hier aus ein ganzes Orchester von Körperfunktionen auf den 24-Stunden-Takt dirigiert ... der wichtigste Zeitgeber für die innere Uhr ist Licht" [157].

(Die suprachiasmatischen Kerne und der Hypothalamus sind Strukturen im Gehirn.) Die Chronobiologie ist eine eigene Forschungsrichtung, auf die wir in diesem Zusammenhang nur kurz eingehen können. Die Zeitgeberwirkung von Licht wird durch ein vor kurzem entdecktes Photorezeptorpigment, Melanopsin, in den Zellen der inneren Netzhaut aufgenommen. Dieses Signal wird dann weitergeleitet, nicht über die normalen Sehbahnen, sondern über eine spezielle Nervenbahn, die von der Netzhaut zu den bereits erwähnten suprachiasmatischen Kernen des Hypothalamus führt [157].

Wenn von der Bedeutung des Lichts die Rede ist, muss unbedingt auch von einem zweiten System gesprochen werden, welches unsere Befindlichkeit, besonders in Bezug auf unseren Schlaf-/Wachrhythmus, beeinflusst: Es ist das viel diskutierte Melatonin, welches in der Epiphyse (Zirbeldrüse) gebildet wird. Die Zirbeldrüse heißt auch *corpus pineale*, hat also die Form eines Pinienzapfens, ist etwa 1 cm groß und befindet sich ziemlich genau in der Mitte unseres Gehirns. Der französische Philosoph René Descartes war der Ansicht, dass in dieser Epiphyse der Sitz der Seele zu finden sei [148]. Melatonin ist ein Hormon, welches besonders nachts produziert wird. Ein wichtiger Grund für eine Schlafstörung ist der durch einen Mangel an Melatonin gestörte zirkadiane Rhythmus. Die höchsten Konzentrationen werden kurz nach Mitternacht erreicht. Gegen Morgen fällt der Melatoninspiegel rasch ab. Das Melatonin ist verantwortlich für die biologische Uhr, das heißt für den zirkadianen Rhythmus des Menschen. Wenig Melatonin (tagsüber) bedeutet also für den Menschen Aktivität, während eine verstärkte Produktion von Melatonin die Ruhephase bedingt. Melatonin ist kein Verjüngungsmittel, sondern ein Hormon, das bei Schlafstörungen eingesetzt werden kann und somit durchaus die Lebensqualität, besonders im höheren Alter, positiv beeinflussen kann. Es sollte grundsätzlich nur unter ärztlicher Verordnung eingenommen werden. An eine Melatonintherapie ist dann zu denken, wenn die körpereigene Melatoninproduktion ungenügend ist oder wenn der zirkadiane Rhythmus gestört ist. Der Melatoninspiegel lässt sich sowohl im Blut wie im Urin als auch im Speichel messen. Häufig wird Melatonin heute bei sogenannten Jetlags eingenommen, das heißt bei Schlafstörungen, die nach langen Flugreisen auftreten können. Dasselbe gilt auch grundsätzlich für Schichtarbeiter, denn in beiden Fällen wird der Licht-/Dunkelrhythmus gestört, im ersten Fall durch die Zeitzonenverschiebung und im zweiten durch den Schichtwechsel Zu den wenigen Melatoninpräparaten, die ohne Bedenken (vom Arzt!) eingesetzt werden können, gehört das Melachron [148].

Die typisch saisonale Depression tritt regelmäßig im Verlauf eines Jahres auf, meist mit Beginn im Herbst. Es handelt sich um ein depressives Zustandsbild, das mit anderen Depressionen vergleichbar ist, doch sind dennoch einige Unterschiede festzustellen: So der bereits erwähnte Beginn sowie das vermehrte Schlafbedürfnis (bei den meisten anderen Depressionen schlafen die Patienten weniger als normal), sowie ein gesteigerter Appetit (sonst weisen die meisten Depressiven einen Appetitverlust auf oder zumindest eine Verminderung des Appetits).

Die saisonale Depression, auch „Winterdepression" genannt, ist also durch folgende Merkmale gekennzeichnet:

1. Depressive Episode, die regelmäßig ungefähr zur selben Zeit des Jahres anfängt (meist im Herbst).
2. Die depressiven Symptome bilden sich im Frühjahr zurück, und zumeist sind die Menschen während des Sommerhalbjahres (Tageslänge!) symptomfrei.
3. Bei den saisonalen Depressionen besteht ein vermehrtes Schlafbedürfnis (bei 70 bis 90 % der Patienten).
4. Es besteht ein gesteigerter Appetit (70 bis 80 %). Infolgedessen kommt es auch entsprechend häufig zu einer Gewichtszunahme [156].

Die Geschlechterverteilung ist noch ausgeprägter als bei den übrigen Depressionsformen: Es sind viermal häufiger Frauen als Männer betroffen. Etwa 2 % der erwachsenen Bevölkerung leiden in Mitteleuropa an einer saisonal abhängigen Depression (SAD). Die saisonale Depression hat im Wesentlichen mit dem Lichteinfluss zu tun: Die Lichteinwirkung ist im Winter natürlich bedeutend kleiner als im Sommer. Mit dem Winter ist eine entsprechend längere Melatoninausschüttung verbunden. Einer Mehrzahl der Menschen, die an einer saisonalen Depression leiden, kann mit Lichttherapie geholfen werden.

Die Wirksamkeit der Lichttherapie ist in vielen kontrollierten Studien mehrfach bewiesen worden. Eine Lichtexposition (auf die noch eingegangen wird), bringt nach kurzer Zeit zumeist eine deutliche Besserung der depressiven Symptome, zumindest etwa bei zwei Dritteln der an einer SAD leidenden Patienten. Während die normale Beleuchtung von Innenräumen etwa 50 bis 300 Lux betragen, kann mit speziellen Tischlampen eine Lichtintensität zwischen 2 500 bis 10 000 Lux bewerkstelligt werden. Es liegt auf der Hand, dass auch eine „natürliche" Lichttherapie von Nutzen sein kann, also ein Spaziergang in der freien Natur, der regelmäßig zum Beispiel morgens durchgeführt wird bei möglichst schönem Wetter. Die normale Lichteinwirkung außerhalb des Hauses variiert zwischen etwa 1 000 Lux (bei bedecktem Himmel) und etwa 100 000 Lux in der Mittagssonne.

Bei der künstlichen Lichttherapie (etwa eine Stunde Aufenthalt vor einer Lampe mit 2 500 Lux oder 30 Minuten Aufenthalt vor einer Lampe mit 10 000 Lux) bringt häufig schon eine Besserung des Befindens nach ca. einer Woche, meist aber nach zwei Behandlungswochen. Nach eingetretener Besserung der depressiven Symptome sollte die Behandlung während des gesamten Winters fortgesetzt werden. In der Regel ist der therapeutische Nutzen am größten, wenn die Lichttherapie in den Morgenstunden durchgeführt wird. Der Patient kann vor der Lampe sitzen in einem Abstand von 60–80 cm von der Lichtquelle. Etwa einmal pro Minute sollte er kurz direkt ins Licht schauen [155, S. 51].

Die Lichttherapie hat den Vorteil, dass sie kaum oder nur selten Nebenwirkungen zur Folge hat: So wird manchmal über Augenbrennen, über verschwommenes Sehen, Kopfweh oder Sich-Angetrieben-Fühlen geklagt. Allerdings sind diese Nebenwirkungen im Allgemeinen nur wenig ausgeprägt und verschwinden meist nach einigen Tagen. Eventuell muss dann eine Verminderung der Lichtdosis vorgenommen werden [156]. Etwa ein Drittel der an SAD leidenden Menschen reagiert nicht oder zu wenig auf diese Lichttherapie, bei diesen müssen antidepressive Medikamente zum Einsatz kommen. Heute wird die Lichttherapie zum Teil auch zusätzlich bei nicht saisonalen Depressionen angewendet.

Nach einer Bemerkung über die sogenannte „Weihnachtsdepression" wird die saisonal abhängige Depression (SAD) im engeren Sinne (auch „Winterdepression" genannt) erörtert und diskutiert. Grundlage der SAD ist der Lichteinfluss (zirkadianer Rhythmus) und das von der Zirbeldrüse produzierte Hormon Melatonin. Die „Winterdepression" beginnt meist im Herbst. Im Sommerhalbjahr fühlen sich die Betreffenden symptomfrei und gesund. Etwa 2 % der Bevölkerung leiden an einer SAD. Die Therapie der Wahl besteht in der Lichttherapie, bei welcher die Patienten täglich vor einer speziellen Lichtquelle sitzen müssen, die eine Intensität von 2500–10000 Lux hat. Auch die natürliche Lichttherapie, regelmäßige Wanderungen in der Natur, kann einen positiven Einfluss bewirken. Etwa zwei Drittel der Betroffenen sprechen auf die Lichttherapie schon nach kurzer Zeit gut an.

13 Posttraumatische Belastungsstörung (PTB)

„Die schweren Verletzungen der menschlichen Seele bleiben meist unbehandelt, da sie nicht ausreichend wahrgenommen werden.“
(Prof. Dr. Brigitte Lueger-Schuster, Univ. Wien)

Dieser für Laien etwas kompliziert klingende Ausdruck ist keineswegs neu. Zwar existiert er in der offiziellen psychiatrischen Nomenklatur unter diesem Namen erst seit wenigen Jahrzehnten, doch ist das Phänomen selbst wahrscheinlich so alt wie die Menschheit. Die früheren Bezeichnungen, die diesem Krankheitsbild nahe kommen, lauteten zum Beispiel: Traumatische Neurose, Kriegsneurose, Shellschock, Neurasthenie, Stressreaktion usw. Diese mannigfaltigen Bezeichnungen weisen darauf hin, dass sich die Ärzte schon in früheren Zeiten mit diesem Phänomen schwer getan haben und dass sie Gefahr liefen, solche Patienten misszuverstehen oder sie als Simulanten abzutun. Erinnert sei in diesem Zusammenhang zum Beispiel an die sogenannten Kriegszitterer, die vor allem in der Zeit des Ersten Weltkrieges zu sehen waren. Nicht selten werden in der Fachliteratur Syndrome beschrieben, die der PTB ähnlich sind, einen speziellen Namen erhalten haben und die unter der Rubrik PTB einzureihen sind, so etwa Stockholm-Syndrom, Golfkriegs-Syndrom [85] oder Holocaust-Syndrom [143]. Die posttraumatische Belastungsstörung (PTB) wurde 1980 in die DSM III und 1991 in die ICD-10 aufgenommen (DSM III und ICD-10 sind psychiatrische Klassifikationssysteme) [58].

Zunächst sei festgehalten, was eine PTB nicht ist: Sie hat nichts mit alltäglichen Frustrationen, die jedem widerfahren, zu tun. Schlechte Noten in der Schule bedingen also keine PTB. Nicht selten kommen auch Traumen vor, die durchaus geeignet wären, eine PTB auszulösen, es aber nicht tun. Als Beispiel erwähne ich einen Kollegen, der eine Flugzeugkatastrophe überlebte. Bei der Landung einer großen Passagiermaschine brach Feuer an Bord aus und der beißende Rauch stellte für alle eine akute Lebensgefahr dar: Die Passagiere hatten das Flugzeug innerhalb etwa einer Minute verlassen müssen. Obschon er weit hinten saß, gelang es ihm, nach vorne zu gehen und aus der inzwischen geöffneten Türe zu springen, nachdem das Flugzeug über die Landebahn hinaus geraten und zum Stillstand gekommen war. Etwa einem Dutzend Menschen gelang dies nicht, sodass sie umkamen. Der Kollege berichtete mir später, dass er keine Panik verspürt habe an Bord, er habe anfänglich nur geglaubt, aus dem brennenden Flugzeug nicht mehr herauszukommen und dabei ein tiefes Bedauern verspürt. Er hat diese Katastrophe nicht nur körperlich unbeschadet überstanden, sondern auch seelisch. Er habe später nie entsprechende Träume oder Alpträume gehabt. Auch seine Stimmung sei nach wie vor gut gewesen und er sei nie depressiv geworden. Im Gegenteil: Er habe seither „intensiver" und „bewusster" gelebt. Für diese Reaktion gibt es meines Erachtens zwei wesentliche Erklärungen:

1. Der Kollege war schon vor diesem Unfall eine stabile, seelisch gesunde Persönlichkeit.
2. Das erlebte Trauma ist zwar ein schwerwiegendes, bei welchem Menschen in unmittelbarer Umgebung zu Tode kamen (die der Kollege jedoch nicht kannte), doch war die Dauer des Traumas nur sehr kurz. Das Ganze hat nur wenige Minuten gedauert.

Was aber ist eine PTB? Sie kann sich nach physischen, nach sexuellen und nach emotionalen Traumatisierungen (inkl. Vernachlässigung) entwickeln. Die eigentlichen Symptome können manchmal erst Monate oder Jahre später nach dem Ereignis auftreten, zum Beispiel in Form von wiederkehrenden Erinnerungen an den Vorfall, im Sinne von intensiv auftauchenden Bildern, die einem das Geschehene drastisch vor Augen führen (sog. *flashbacks*). Unter einem

Flashback oder einer Intrusion versteht man „ein plötzliches Wiedererleben des Traumas, das von heftigen Gefühlen begleitet wird, sodass sie den Eindruck haben, als würde sich das Trauma wirklich wiederholen" [121, S. 20].

Folgende Hauptkriterien zeichnen eine PTB aus:

1. ein außergewöhnliches, lebensbedrohliches Ereignis, welches intensive Angst und Hilflosigkeit auslöst,
2. Das Wiedererleben des Ereignisses durch aufdringliche Erinnerungen (Flashbacks),
3. Vermeidungsverhalten,
4. erhöhte psychische Empfindlichkeit (Schlafstörungen, Reizbarkeit und Konzentrationsstörungen),
5. Dauer länger als einen Monat nach dem Ereignis,
6. Ausgeprägte Beeinträchtigung in verschiedenen Lebensbereichen [163].

Viele traumatisierte Menschen sehen keinen direkten Zusammenhang zwischen ihren Beschwerden und den oft schon länger zurückliegenden Erfahrungen, die zur PTB geführt haben. Bei etwa 90 % der Betroffenen zeigen sich die Beschwerden unmittelbar nach der traumatischen Erfahrung, in 10 % kann eine Latenzzeit bis Jahre nach dem Ereignis bestehen. Die Häufigkeit der PTB ist mit 6 bis 8 % in der Allgemeinbevölkerung anzugeben [58].

Die PTB gehört diagnostisch zu den Angststörungen. Bei der PTB ist die Suizidalität 15- bis 20fach höher als in der Allgemeinbevölkerung.

> „Das Krankheitsbild beruht auf einer pathologischen Verarbeitung traumatischer Erfahrungen, resp. übersteigt die persönlichen Belastungsgrenzen und Bewältigungsmechanismen in Analogie zur somatischen Traumatisierung" [58].

Untersuchungen haben gezeigt, dass bestimmte Regionen im Gehirn nach einem psychischen Trauma Veränderungen in der Struktur aufweisen. So fand sich zum Beispiel bei Vietnamveteranen und bei Vergewaltigungsopfern eine Volumenreduktion im Hippocampus (Hirnstruktur), die zwischen 5 und 25 % betrug. Diese Volumenreduktion wird auf eine Gewebezerstörung zurückgeführt [142, S. 42/43].

Damit von einer PTB die Rede sein kann, müssen die Symptome länger als einen Monat andauern. Wenn diese Symptome nur kurz, wenige Tage, anhalten, spricht man von einer akuten Stressreaktion (*acute stress disorder*). Etwa die Hälfte der an PTB leidenden Menschen hat zuvor schon an Krankheiten gelitten, wie Depressionen mit Suizidalität, Abhängigkeitserkrankungen (Medikamente, Alkohol, Drogen) und Angststörungen (sog. Comorbidität).

Das Thema PTB hat vor allem in den letzten Jahren große Aufmerksamkeit auf sich gezogen, nicht zuletzt im Zusammenhang mit den Folgen der Terroranschläge vom 11. September 2001 auf das World Trade Center in New York. Als Folge davon litten viele Menschen an den Auswirkungen dieser Katastrophe, und eine Untersuchung aus dem Jahre 2002 soll ergeben haben, dass 24 % der New Yorker Schulkinder in den verschiedensten Altersklassen an einer PTB litten [1]. Im gleichen Monat erlebten wir Schweizer die Folgen des Amoklaufs im Zuger Kantonsparlament (27.9.2001) mit 15 Toten. Auch dieses Massaker hatte entsprechende Auswirkungen. Doch müssen wir uns vor Augen halten, dass diese Phänomene keineswegs dem 21. Jahrhundert vorbehalten sind: Erinnert sei zum Beispiel an den Holocaust und die Folgen der Atombombenabwürfe über Hiroshima und Nagasaki. Die Tragik von Atomkatastrophen lässt sich kaum in Worte fassen, denn der folgende Satz hat bei diesem Ausmaß einer Katastrophe seine tragische Gültigkeit: Die Überlebenden beneiden die Toten.

Denken wir aber auch an all das, was in Familien vor sich geht: Tschan schreibt beispielsweise:

> „Dabei müssen viele tradierte Vorstellungen revidiert werden. 10 % aller Vergewaltigungsopfer sind männliche Personen. Welche Scham hier (gegenseitig) überwunden werden muss, um in einer Behandlungssituation über die Ereignisse zu sprechen, mag angesichts der Tabuisierung derartiger Sachverhalte nicht zu verwundern. 20 % aller sexueller Gewaltdelikte werden durch Frauen verübt, auch an Kindern. Damit werden gesellschaftliche Rollenklischees radikal in Frage gestellt. Nicht zuletzt hat auch die Rekrutenbefragung 1997 für unser Land eine erschreckend hohe Dunkelziffer an Gewalttaten zu Tage gefördert“ [141].

Als Auslöser der PTB können Triggermechanismen in Funktion treten, die zum Beispiel bei kritischen Lebensereignissen, die durchaus nicht negativ zu sein brauchen, ausgelöst werden wie etwa Geburtstage, Feste oder Pensionierung.

Die Diagnostizierung und Behandlung der PTB gehört wohl zu den schwierigsten psychiatrischen Tätigkeiten, nicht zuletzt auch deshalb, weil gewisse Rollenklischees, die durchaus auch von Fachpersonen übernommen werden können, revidiert werden müssen. Steht fest, dass eine PTB vorliegt, so gilt es zunächst, allgemeine Gesichtspunkte zu berücksichtigen. Der Therapeut sollte dem Betroffenen gegenüber Empathie zeigen und ihm Sicherheit vermitteln können. Gefühle von Wut, Schmerz und Scham sollten angesprochen werden. Der Therapeut muss auch bereit sein, sich Details anzuhören, die unter Umständen unter die Haut gehen. Der Patient sollte die Möglichkeit haben, über alles und jedes im Zusammenhang mit seiner Traumatisierung sprechen zu können und verstanden zu werden. Das schrittweise Vorgehen in der Therapie muss besprochen werden, und es sollten Teilziele gesetzt werden, die möglichst bald realisiert werden können. Obschon die PTB Krankheitswert hat, muss man sich vergegenwärtigen, dass sie im Grunde eine normale Reaktion auf besondere Umstände ist, dass diese Reaktionen eine Art Versuch sind, zu überleben. Zuerst sollten die besonders störenden Symptome behandelt werden wie zum Beispiel Schlafstörungen und Angstzustände. Auch der sozialen Rückzugstendenz sollte entgegengewirkt werden. Zu den psychotherapeutischen Behandlungsmöglichkeiten gehören vor allem die kognitive Verhaltenstherapie und die weniger bekannte EMDR (*eye movement desensitization and reprocessing*), auf die ich später noch zu sprechen komme, Hypnose sowie pharmakologische Behandlungen, im Sinne einer antidepressiven Therapie. Die Schwierigkeit der Behandlung besteht unter anderem auch darin, dass die Betroffenen selbst ihre Symptome manchmal in keinem direkten Zusammenhang zu den vielleicht weit zurückliegenden Traumatisierungen sehen. Auch wenn der Volksmund vieles treffend auszudrücken weiß, existiert auch ein Ausspruch, der in unserem Zusammenhang nicht unbedingt zutreffend ist: „Die Zeit heilt alle Wunden!" (Wirklich alle?)

Eine 32-jährige Frau wurde mir von ihrem Hausarzt überwiesen wegen eines depressiven Zustandsbildes. Zwei Jahre zuvor war sie in einer psychiatrischen Klinik hospitalisiert wegen einer rezidivierend-depressiven Störung. Einige Monate nach diesem Klinikaufenthalt erlebte die aus dem Ausland stammende Patientin in der Türkei ein Erdbeben, bei welchem sie verschüttet wurde, da das elterliche Haus, in dem sie sich befand, einstürzte. Da sie in dieser heißen Sommernacht nicht schlafen konnte, befand sie sich um drei Uhr morgens in der im dritten Stock gelegenen elterlichen Wohnung und schaute von der Terrasse aufs Meer hinaus. Seit einigen Stunden hörte sie sämtliche Hunde in der Nachbarschaft bellen. Plötzlich sah sie, dass sich auf dem Meer hohe Wellen bildeten und dass gleichzeitig das Haus zu beben begann. Sie sah andere Häuser zusammenstürzen und wollte das Haus verlassen. Auf dem Weg in die unteren Stockwerke habe sie das Bewusstsein verloren und wisse nicht mehr, was passiert sei, da auch ihr Haus eingestürzt sei. Später habe sie erfahren, dass sie nach etwa sechs Stunden ausgegraben und in ein Krankenhaus bzw. in eine Art Lazarett gebracht worden sei. Sie sei am Kopf und an den Händen verwundet gewesen. Ihr Erinnerungsvermögen setzte erst etwa 20 Stunden nach der Katastrophe ein. Sie habe etwa einen Monat später das Krankenhaus verlassen können.

Die Diagnose PTB ist insofern nicht unproblematisch, als die Patientin eindeutig schon vor der Katastrophe an depressiven Episoden gelitten hatte. Nach eigenen Angaben fühlte sie sich in der Zeit danach jedoch deutlich schlechter, sie erlebte die depressiven Symptome als ausgeprägter als zuvor, und sie war auch nicht in der Lage, eine Arbeit aufzunehmen (schon vor der Katastrophe bestand eine Arbeitsunfähigkeit). Für die Diagnose PTB spricht jedoch nicht nur die Katastrophe selbst, welche die Patientin am eigenen Leib hautnah erfahren hat, sondern auch die später auftretenden Flashbacks, nächtliche Alpträume und Bilder vom Erdbeben, die besonders nachts aufgetaucht sind und die Patientin gezwungen haben, das Geschehen nochmals zu „erleben". Etwa ein Jahr nach dem Erdbeben musste sie einige Tage auf einer Kriseninterventionsstation hospitalisiert werden im Anschluss an einen Suizidversuch. Sie wurde von mir psychotherapeutisch und mit Psychopharmaka (Antidepressivum und Schlafmittel) behandelt, allerdings mit wenig Erfolg. Dieser Umstand hängt unter anderem damit zusammen, dass die Patientin nur kurze Zeit in meiner Therapie war, dass sie häufig zu den Terminen nicht erschienen ist, also eine schlechte Compliance[1] gezeigt hat, und dass sie die Therapie abrupt – ohne für mich ersichtlichen Grund – abgebrochen hat. Von ihrer Anwältin, mit der ich im Gespräch war im Zusammenhang mit der Invalidenversicherung, die der Patientin keine Umschulung bezahlen wollte, habe ich auch bestätigt erhalten, dass sie in großen finanziellen Schwierigkeiten steckte.

Prognostisch ist zu erwähnen, dass der größte Teil der an PTB Erkrankten eine relativ rasche Besserungstendenz aufweist. So haben Nutt et al. Folgendes festgestellt [103]: Nach einer Vergewaltigung zeigten 94 % eine Woche danach eine PTB, nach einem Monat waren es noch 39 %, nach vier Monaten noch 17 % und nach einem Jahr noch 10 %. Die meisten sogenannten Spontanremissionen erfolgen innerhalb des ersten Jahres.

Das Zustandekommen der PTB stellt man sich so vor, dass das Trauma eine Überflutung des Bewusstseins mit Angst bewirkt, es kommt auch zu Verzweiflungs- und Ohnmachtsgefühlen. Eine Flucht ist meistens nicht möglich, und somit kommt es zu einer Art psychischen Erstarrens (*freezing*), das an den Totstellreflex bei Tieren erinnert. Im Zentralnervensystem erfolgt eine massive Noradrenalin-Ausschüttung, während andere Stoffe, die für die Krisenbewältigung notwendig wären, wie zum Beispiel Serotonin oder Cortisol, nicht oder zu wenig zur Verfügung stehen [79].

Ein typisches Symptom der PTB ist auch der sogenannte Triggermechanismus: Eine ähnliche Situation wie damals, als das Trauma erlebt wurde, kann dazu führen, dass der Betreffende erneut einen Angstzustand erlebt, das Trauma wieder „durchlebt“ oder ein ähnliches Verhalten an den Tag legt wie in jener kritischen lebensbedrohlichen Situation.

In diesem Zusammenhang sei ein literarisches Beispiel angeführt, welches diese Triggersituation großartig zum Ausdruck bringt. In der von Stefan Zweig verfassten „Schachnovelle“ wurde Dr. B. in Einzelhaft und in völliger Isolation gehalten, um ihn dazu zu bringen, geheime Informationen an die Nationalsozialisten weiter zu geben. In der Einzelhaft beginnt er anhand eines gestohlenen Schachbuches gegen sich selbst Schach zu spielen. Die Schachfiguren

---

[1] Bereitschaft des Patienten, bei diagnostischen und therapeutischen Maßnahmen mitzuwirken.

werden mit Essensresten improvisiert. Er begeistert sich für dieses Schachspiel immer mehr und gerät in der Folge in einen psychotischen Zustand, der dazu führt, dass er hospitalisiert und schließlich aus den Händen der Nazischergen befreit wird. Als er Jahre später auf einer Schiffsreise Mitreisenden, die gegen den offiziellen Schachweltmeister Czentovic eine Partie spielen, zu Hilfe kommen möchte, gerät er erneut in einen Zustand, der an die früher erlebte Psychose erinnerte: Der sonst ruhige und ausgeglichene Dr. B. wird plötzlich reizbar, nervös, ängstlich und gespannt und geht aufgeregt hin und her; er durchschreitet aber nicht den ganzen Raum, sondern nur einen kleinen Teil, der genau dem Ausmaß seiner früheren Zelle entspricht. Die „Therapie" besteht folgerichtig darin, fortan jedes Schachspiel unter allen Umständen zu meiden.

Wenn Menschen nach einer erlebten Katastrophe psychologisch betreut werden, wird oft von debriefing gesprochen (*critical incidence stress debriefing*, CISD). Debriefing ist eine spezielle Form der Krisenintervention nach Unfällen und Katastrophen, um zu verhindern, dass überhaupt eine PTB entsteht. Es wurde ursprünglich bei Rettungshelfern (Polizisten, Sanitätern und Feuerwehrleuten) angewendet. Das Debriefing entstand in den 80er-Jahren des letzten Jahrhunderts. Es besteht meist aus einer Gruppensitzung von ein bis drei Stunden Dauer, die ein bis drei Tage nach dem Ereignis abgehalten wird. Die Gruppenmitglieder werden aufgefordert, ihre Gedanken und Empfindungen auszusprechen. Sie werden über Stressreaktionen informiert und wie damit umgegangen werden kann. Obschon von den meisten das Debriefing sehr geschätzt wird, konnte ein präventiver Effekt bis heute nicht nachgewiesen werden, das heißt es kann nicht bewiesen werden, dass nach einem Debriefing weniger oft PTBs entstehen als ohne [128, S. 28 uff].

Gleichsam in Klammern möchte ich beifügen, dass Rachepläne bzw. Racheakte keine Hilfe sind, PTB oder entsprechende Symptome loszuwerden oder zu bewältigen. Die Bewältigung von Gewalt durch Gewalt ist keine Lösung: Erinnert sei in diesem Zusammenhang etwa an die hohe Rate von Straftätern, die in der Kindheit ebenfalls massiv der Gewalt ausgesetzt waren [89].

Neben der kognitiven Verhaltenstherapie, die bei der PTB zur Anwendung gelangt, ist in neuester Zeit auch von einer anderen Therapiemethode die Rede, die bei der PTB (und auch bei anderen Erkrankungen) angewendet werden kann, der so genannten EMDR (*eye movement desensitization and reprocessing*). Sie wurde speziell für Patienten mit PTB entwickelt. Es geht, kurz zusammengefasst, um Folgendes:

> „Belastende Gedanken sind leichter zu verarbeiten, wenn sich gleichzeitig die Augen hin und her bewegen. Das bedeutet, dass die Patienten während der Traumaerinnerung schnelle Augenbewegungen durchführen müssen. Meist folgen sie den Fingern des Therapeuten mit den Augen. Mit Hilfe dieser Technik ist es möglich, Traumaerfahrungen auf körperlicher, gefühlsmäßiger und geistiger Ebene zu durchleben. EMDR gilt derzeit als die am besten untersuchte Methode und ist eine sehr wirksame Therapiemethode bei traumatischen Erkrankungen" [121, S. 69].

Andere Autoren, zum Beispiel Benkert [20, S. 74] stehen dem EMDR skeptischer gegenüber: Diese Methode könne noch nicht abschließend beurteilt werden, und die Therapieerfolge sollen weniger lange andauern als bei der kognitiven Verhaltenstherapie.

> Eine posttraumatische Belastungsstörung (PTB) kann nach physischen, sexuellen und emotionalen Traumatisierungen auftreten. Manchmal zeigen sich die betreffenden Symptome erst Monate oder Jahre nach dem Ereignis. Zur PTB gehören Flashbacks (ein plötzliches intensives Wiedererleben des Traumas), Zustände von Angst und Hilflosigkeit, ein Vermeidungsverhalten und erhöhte psychische Empfindlichkeit mit Schlafstörungen, Reizbarkeit und Konzentrationsstörungen. Neben der kognitiven Verhaltenstherapie kommt auch die EMDR (*eye movement desensitization and reprocessing*) zur Anwendung.

14 Existiert ein Zusammenhang zwischen Depression und Herzkrankheit?

Wie wolltest Du Dich unterwinden,
Kurzweg die Menschen zu ergründen?
Du kennst sie nur von außenwärts,
Du siehst die Weste, nicht das Herz

(Wilhelm Busch)

Bis vor wenigen Jahrzehnten wurden die Depressionen von den Fachleuten in drei große Kategorien eingeteilt:

1. die somatogene,
2. die psychogene,
3. die endogene Depression.

Die somatogene Depression ist auf körperliche Leiden und Krankheiten zurückzuführen und tritt im Zusammenhang mit diesen auf. Wird das Grundleiden, die organische Krankheit, erfolgreich behandelt, bessert sich auch die Depression. Unter den psychogenen verstand man diejenigen Depressionsformen, die – im weitesten Sinne des Wortes – umweltbedingt waren, etwa durch gewisse Probleme in der Kindheit entstanden sind oder durch ein akutes Verlusterleben (zum Beispiel Tod eines Angehörigen). Unter der endogenen Depression verstand man diejenige, welche auf eine vererbte Disposition, das heißt auf eine Anlage zur Depression, zurückging.

Wir beschränken uns bei der somatogenen Depression auf ein einziges Organ: das Herz. Es ist ein symbolträchtiges Organ, früher wurde es als Sitz der Seele betrachtet, und noch heute zeugen manche Ausdrucksweisen von dieser Anschauung: „Es bricht einem das Herz", seelischen Kummer nennt man „Herzeleid" oder „Das Herz bleibt einem vor Schreck stehen". Man ist bei einer Sache, für die man sich besonders engagiert, „mit Herzblut dabei".

Stefan Zweig, der in seinen Novellen psychologische Sachverhalte meisterhaft zu schildern verstand, sei in diesem Zusammenhang nochmals erwähnt: Im *Untergang eines Herzens* steht die Beziehung eines alternden Mannes zu seiner Tochter im Zentrum. Als der kränkelnde Vater, ein erfolgreicher Geschäftsmann, durch Zufall entdeckt, dass seine knapp 20-jährige Tochter während eines Ferienaufenthaltes in einem Hotel sich einem Gast hingegeben hat, stürzt für ihn eine Welt zusammen. Sein Gesundheitszustand wird zusehends schlechter, er verfällt, altert und verliert das Interesse am Leben. Durch diesen Prozess isoliert er sich von der Familie und entfremdet sich ihr immer mehr. Er muss sich kurze Zeit später einer Operation unterziehen, an deren Folgen er schließlich zugrunde geht. Sein Herzleiden ist sowohl körperlich als auch seelisch zu verstehen. Er stirbt an Herzeleid, an gebrochenem Herzen, nachdem er sich selbst aufgegeben hatte und von seiner Familie immer mehr in die Einsamkeit und Verlassenheit getrieben worden war.

Lange Zeit wurde von der Schulmedizin ein Zusammenhang zwischen dem Herz als Pumporgan und dem seelischen Befinden negiert oder zumindest außer Acht gelassen. Die neueren Forschungen zu diesem Thema stammen meistens aus der Zeit der letzten 20 bis 30 Jahre. Inzwischen darf aber als gesichert gelten, dass Menschen mit einem Herzleiden häufiger als die Durchschnittsbevölkerung an einer Depression erkranken und umgekehrt: Menschen, die primär an Depressionen leiden, laufen häufiger Gefahr, eine Herzkrankheit zu entwickeln.

Im Folgenden schildere ich das Beispiel eines Patienten, der einen Herzinfarkt erlitten hatte und in der Folge reanimiert werden musste. Nach längerer Zeit erholte er sich, hat aber hirnorganische Veränderungen davon getragen, die unter anderem dazu führten, dass er danach immer wieder mit Depressionen und Angstzuständen zu kämpfen hatte. Ich bat meinen Patienten, seine Geschichte aufzuschreiben, die er so formuliert hat:

> „Zwei Tage vor meinem 50. Geburtstag konnte ich an meinem Arbeitsplatz am Computer gerade noch meine Frau anrufen, als ich so einen komischen Druck in der Brust verspürte, und von da an weiß ich nichts mehr für die darauf folgenden Wochen. Wenige Minuten später traf zum Glück meine Frau ein, sie alarmierte sofort den Notarzt, dieser hat mich beatmet und eine Herzmassage durchgeführt. Nach ca. 20 Minuten legte der Notarzt die Geräte beiseite, schaute meine Frau schweigend an und bewegte den Kopf langsam hin und her ... ‚Nein! Nein!' schrie sie ihn an. Obwohl sie als Krankenschwester das große Risiko, die Folgen eines Sauerstoffmangels im Gehirn, kannte, kämpfte sie mit aller Kraft um mich, und so wurde ich insgesamt über 40 Minuten reanimiert, dann mit Blaulicht ins Spital geführt. Danach war ich während ca. 2 Wochen auf der Intensivstation der Universitätsklinik und wurde in ein künstliches Koma versetzt, um den Organismus zu entlasten und das Herz wieder zum Schlagen zu bringen. Ich wurde während der ganzen Zeit künstlich beatmet und benötigte sehr viel Sauerstoff und Medikamente. Meine Familie wusste nicht, ob ich je wieder erwache und wenn ja, musste mit größeren Hirnschäden und Lähmungen gerechnet werden wegen des Sauerstoffmangels im Gehirn durch die ungewöhnlich lange Reanimationszeit. Für meine Frau und meine zwei Töchter eine unheimlich schwere Zeit der Angst und Ungewissheit! Jeden Tag saß meine Frau bei mir am Bett und redete trotz meines Komas stundenlang mit mir. Hab ich das wohl irgendwie aufgenommen, hat das nebst der intensiven medizinischen Betreuung dazu beigetragen, dass ich das Ganze überlebt habe? Nach Statistiken im Kantonsspital hatte ich eine Überlebenschance von 2 %! Es folgte ein langer, beschwerlicher Aufenthalt in verschiedenen Spitalbetten. Nach anschließender Herzoperation und Rehabilitation funktionierte das Herz noch zu ca. zwei Drittel. Dies hat sich dann noch weiter verbessert. Rein körperlich sind sonst keine nennenswerten Schäden zurückgeblieben. Mit Unterstützung von Medikamenten, langen

Therapien und einer völligen Neuorientierung in meinem Leben fühle ich mich heute körperlich wohl. Die nötige Betreuung und Sicherheit gibt mir seit Jahren meine Kardiologin. Sie sieht nicht nur das Herz, sondern den Menschen als Ganzes. Die Betreuung durch meinen Hausarzt ist ebenfalls sehr wichtig. Große Probleme bereitet mir bis heute meine Psyche. Das Gehirn hat durch den Sauerstoffmangel gelitten, ich bin verlangsamt, und mein Kurzzeitgedächtnis ist sehr eingeschränkt. Ich habe Mühe, in Zusammenhängen zu denken, was früher eine meiner Stärken war. Das Unvermögen und die Hilflosigkeit, gewisse Dinge machen zu können, die früher selbstverständlich waren, machen mir sehr zu schaffen. Anfänglich war ich stark depressiv und aggressiv.
Nachdem die Wirkung der Medikamente nach dem künstlichen Koma abgeklungen war, hatte ich im Spitalbett plötzlich das Gefühl, in ein großes, endloses, dunkles Loch zu fallen, verbunden mit unheimlichen Ängsten, nur starke Psychopharmaka konnten da noch helfen. Ich wusste nicht, was ich während meiner langen ‚Abwesenheit' im Koma erlebt hatte. Es muss aber wunderschön gewesen sein, denn es blieb in mir ein nicht zu beschreibendes Gefühl von Wärme und Geborgenheit zurück, ich sehnte mich so sehr danach, dass ich gar nicht mehr in dieses Leben zurückkehren wollte. Ich schaute in der Universitätsklinik zwischen den Geranien aus dem Fenster in die Tiefe und überlegte mir, mit einem drängenden Kribbeln in den Fußsohlen, ob es wohl reichen würde, wenn ich mit dem Kopf voran unten auf der kleinen Betonmauer aufschlagen würde, um dieser kalten schmerzhaften Welt definitiv entfliehen zu können ... zurück zu diesem schönen Ort der Wärme und Geborgenheit! Wäre da meine Familie nicht gewesen ...! Nach der Spitalentlassung musste ich erst wieder lernen, mich in dieser Gesellschaft mit all den Zwängen und ‚Normalitäten' zurechtzufinden und mich ‚normgerecht' wieder einzuordnen. Dies gelang mir nur sehr mühsam mit ganz kleinen Schritten und mit unvermeidlichen Rückschlägen. Der Wille zu leben kam zurück, getragen durch die Liebe und Verbundenheit zu meiner Frau und meinen Töchtern.

Meine psychischen Probleme haben sich nach etwa einem Jahr plötzlich verstärkt. Ich durchlebte unbeschreibliche Panikattacken, dachte, ich würde ‚durchdrehen', ich sagte einmal zu meiner Frau: ‚Bitte, ich möchte sterben!' Es war wirklich ernst gemeint. Dann die Ängste, Angst vor den Leuten, Angst vor diesen Attacken, Angst, dass das Herz plötzlich wieder still steht, man sieht sich unzählige Male wieder röchelnd am Boden liegen, Angst vor der Angst ... schwer, das alles in Worte zu fassen.
Mit Hilfe des Psychiaters und mit Hilfe von Medikamenten habe ich diese Panikattacken recht gut im Griff, das ist für mich das Wichtigste. Mit vielen Ängsten kann man lernen umzugehen, mit anderen nicht. Es ist ein steiniger Weg. Aber jeder Fortschritt, ist er noch so klein, motiviert und gibt Kraft. Die psychische Verfassung kann sich plötzlich sprunghaft ändern, da wähnt man sich noch auf einem sicheren breiten Weg, von duftenden Blumen gesäumt, und innert weniger Sekunden befällt einen dieses bleierne, durchdringende Gefühl einer unglaublichen Sinnlosigkeit, man bewegt sich auf einem schmalen Grat, wo ein kleiner Windstoß genügt, um ins Leere zu stürzen ... Angst vor dem Tod kenne ich seither nicht mehr, höchstens vor dem Sterben, weil wir Menschen nie gelernt haben, damit richtig umzugehen."

Eindrücklich berichtet dieser Patient von seinen Problemen, mit denen er nach dem Herzinfarkt umzugehen hatte. Er schildert seine plötzlich auftretenden Ängste, seine Panikattacken, seine Befindlichkeiten und seine Mühe, im „kalten" Leben wieder Fuß zu fassen und sich normgerecht zu verhalten. Seit seinem Herzinfarkt sind nun acht Jahre vergangen, und ich kenne den Patienten seit ca. sieben Jahren, in welchen er regelmäßig (ca. einmal pro Monat) in meine Praxis kommt für Gespräche, für ein Rezept für diverse Psychopharmaka, die er nach wie vor benötigt, damit er ein für ihn nicht nur erträgliches, sondern lohnendes Leben führen kann, an welchem er teilnimmt, an dem er sich erfreuen kann und in welchem er Dinge unternehmen kann, die er sich früher vorgenommen hatte, aus Zeitgründen aber nie durchführen konnte. Wegen seiner geschilderten Symptome wie zum Beispiel der Verlangsamung, seiner Panikattacken, seiner depressiven Verstimmungen, die dazu führen können, dass er plötzlich zu weinen beginnt, ist der Patient aber nicht mehr in der Lage, einer Erwerbstätigkeit nachzugehen.

Das Beispiel meines Patienten ist insofern ein besonders dramatisches, als seine Beschwerden nicht nur eine Folge des erlittenen Herzinfarktes sind, sondern es sind auch Symptome aufgetreten, die im Zusammenhang mit dem Zentralnervensystem, mit dem Gehirn, zu sehen sind. Durch die lange Reanimationszeit und den Sauerstoffmangel ist nicht nur das Depressionsrisiko gestiegen, sondern manche Symptome sind als Folgen eines hirnorganischen Syndroms zu beurteilen (Verlangsamung, Frischgedächtnisstörungen und Affektlabilität).

Zu Beginn dieses Kapitels habe ich eine Tatsache kurz erwähnt, die in der Bevölkerung noch wenig bekannt ist. Ich möchte nochmals darauf zu sprechen kommen: Eine Depression bedeutet ein erhöhtes Risiko für eine Herzkrankheit (kardiovaskuläre Erkrankung), und umgekehrt neigen Patienten mit einer solchen Herzkrankheit vermehrt zu einer depressiven Erkrankung. Körperlich gesunde Patienten mit einer Depression haben ein 1,5- bis 4,5-mal größeres Risiko, an einem Herzleiden zu erkranken. Menschen mit einer Herz-Kreislauf-Erkrankung haben ein etwa fünfmal höheres Risiko, eine Depression zu erleiden als Gesunde. Gemäß mehreren Studien ist das Risiko, in den nächsten zwei Jahren zu sterben, bei Patienten mit einer Erkrankung der Herzkranzgefäße, die zusätzlich an einer Depression leiden, doppelt so hoch wie bei den Patienten, die nicht depressiv sind. Die Ursache für dieses Phänomen ist nicht genau bekannt, doch wird in Fachkreisen unter anderem ein genetischer Faktor angenommen [19, S. 116/117]. Als weitere Gründe könnten angeführt werden, dass Depressive dazu neigen sich weniger zu bewegen, dass sie häufig Übergewicht haben und öfters rauchen. Es wurde auch festgestellt, dass das Risiko, eine kardiovaskuläre Krankheit zu bekommen, bei schweren Depressionen größer ist als bei leichteren. Nach einem durchgemachten Herzinfarkt erkranken etwa 20 % an einer schweren Depression (ohne die leichteren Formen zu zählen). Die Depression ist nach einem Herzinfarkt ein Risikofaktor für eine erhöhte Mortalität.

Ein weiterer Faktor, warum die Depression direkt Auswirkungen auf die Funktion des Herzmuskels haben kann, ist zum Beispiel die Tatsache, dass Angst, Ärger, Trauer zu einer Ischämie im Herzmuskel (myocardiale Ischämie) führen können. Es ist ebenfalls bekannt, dass bei depressiven Patienten die Vasodilatation (Erweiterung der Gefäße, auch im Bereich des Herzens) nicht gleich gut funktioniert wie bei Menschen, die keine Depression haben. Auch wurde bei Depressiven eine verstärkte Aggregationsneigung der Thrombozyten (Blutplättchen) und eine verminderte Herzfrequenzvariabilität (das Herz kann nicht flexibel schlagen, die Pulsschlagfolge ist relativ starr) festgestellt [91]. Für die Behandlung der Depressionen bei Herzkranken eignen sich besonders die neueren Antidepressiva, die so genannten Serotonin-Wiederaufnahme-Hemmer (SSRI), die keine negativen Auswirkungen auf das Herz haben (wie etwa die alten, trizyklischen Antidepressiva).

Ein gemeinsamer Nenner, den Herzkrankheiten bzw. Herzinfarkte und Depressionen aufweisen, ist der Stress. (Näheres zum Thema Stress siehe Kapitel 19 „Wie wirken Antidepressiva?"). Beide Krankheiten lassen sich als Folge von Stress auffassen. Zumindest ist dies eine einleuchtende Theorie. Benkert schreibt in seinem Buch *Stressdepression:*

> „Ich gehe aber noch einen Schritt weiter, weil ich ... aufzeigen will, wie dem Stress und der Depression fast zwangsläufig die gleichen körperlichen Krankheiten, besonders die Herz-Kreislauf-Erkrankungen nachfolgen. Es gibt viele Studien an Patienten, die zeigen, dass Stress in den verschiedensten Lebensbereichen depressiv macht" [19, S. 114].

Die Bedeutung von Stress bei koronaren Erkrankungen ist schon länger bekannt: Als Beispiel sei eine Studie von Russek zitiert [zitiert nach Luban-Plozza und Pöldinger 87, S. 46]. Russek gelangte zur Überzeugung, dass die emotionelle Spannung bei der Entstehung des Herzinfarktes wichtiger ist als die vererbte Veranlagung, und wichtiger als Diätfehler und Tabakmissbrauch. Er hatte 4000 Ärzte in vier Gruppen, nach fachlichem Spezialgebiet, eingeteilt: Die Ärzte bestanden aus Dermatologen, Pathologen, Anästhesisten und Allgemeinpraktikern. Im Alter zwischen 40 und 70 Jahren zeigte sich, dass die Anästhesisten zweimal häufiger einem koronaren Herzleiden erliegen als die Dermatologen und die Pathologen. Die Allgemeinpraktiker wurden dreimal häufiger von einem koronaren Leiden befallen als die anderen Spezialisten der übrigen Disziplinen, die weniger Stress ausgesetzt waren. Natürlich ist der dauerhafte Stress nur ein Faktor, wenn auch ein wichtiger. Meiner Überzeugung nach bedeutet dies jedoch nicht, dass die erbliche Veranlagung, das Essverhalten, Nikotinkonsum und die Bewegung (Sport) Faktoren sind, die ausgeschlossen werden können oder weniger Bedeutung haben. Auch stellt sich hier die Frage, ob bestimmte Menschentypen zu einem medizinischen Spezialgebiet neigen, das heißt, der „typische" Allgemeinpraktiker ist möglicherweise anders strukturiert (und anders verletzlich) als zum Beispiel der „typische" Anästhesist.

Eine neue Untersuchung leistet einen wichtigen Beitrag zur Frage der Zusammenhänge zwischen emotionalem Stress, akutem koronarem Syndrom (drohendem Herzinfarkt) und systolischem Blutdruck: Es wurden 34 Männer untersucht, die in den letzten 15 Monaten ein akutes koronares Syndrom überlebt hatten.

Bei 14 dieser 34 Patienten ist zwei Stunden vor der akuten Herzkrankheit ein emotional belastendes Ereignis vorgefallen, bei den 20 anderen dagegen nicht. Mit beiden Gruppen wurden verschiedene Stress-Tests durchgeführt. Bei den Patienten der ersten Gruppe stieg der systolische Blutdruck signifikant höher an als bei den Patienten der zweiten Gruppe. Es dauerte in der ersten Gruppe auch länger, bis sich der Blutdruck wieder normalisierte (im Vergleich zur zweiten Gruppe) [135 + 112]. Bei dieser Stressantwort handelt es sich offenbar um ein bestimmtes individuelles Reaktionsmuster, das nicht jeder Patient mit einer koronaren Herzkrankheit aufweist [112].

Das Herz ist ein symbolträchtiges Organ, welches früher als Sitz der Seele betrachtet wurde. Viele Ausdrucksweisen in unserer Sprache weisen noch darauf hin: Es „bricht einem das Herz", oder seelischer Kummer wird auch „Herzeleid" genannt. Eine wesentliche, neue Erkenntnis ist die folgende: Eine Depression bedeutet ein erhöhtes Risiko für eine kardiovaskuläre Erkrankung (Herzkrankheit), und umgekehrt neigen Patienten mit einer Herzkrankheit vermehrt zu Depressionen, das heißt das Risiko depressiv zu werden, ist viel größer als bei gesunden Menschen. Einige Gründe, Faktoren und Theorien für diese Tatsache werden diskutiert.

15 Depressionen und Suizidalität bei Ärzten und Psychotherapeuten

Professor Dr. med.
Das klingt doch ziemlich blöd.
Wenn einer schon ein Doktor ist,
wozu die lange Red'?

Ein Arzt ist nur ein Mann,
der Herr Chefarzt werden kann.
Dann hat er die Frau Oberschwester
Immer hinten dran

(Georg Kreisler)

Erst in den letzten Jahrzehnten wurden Untersuchungen größeren Umfangs über den psychischen Gesundheitszustand von Ärzten und Therapeuten vorgenommen. Zu den bekanntesten und populärsten Werken gehört *Die hilflosen Helfer* von Wolfgang Schmidbauer [126]. In diesem Buch wird vom Helfer-Syndrom gesprochen, das freilich für alle helfenden sozialen Berufe Gültigkeit hat und nicht nur auf Ärzte und Psychotherapeuten beschränkt ist. Von Schmidbauer wird dieses wie folgt definiert:

> „Das Helfer-Syndrom ist eine Verbindung charakteristischer Persönlichkeitsmerkmale, durch die soziale Hilfe auf Kosten der eigenen Entwicklung zu einer starren Lebensform gemacht wird" [126, S. 22].

Als vor bald 50 Jahren die amerikanische Arzneimittelfirma Parke-Davis 10 000 Fragebögen an Ärzte verschickte, um sich über den Gesundheitszustand der Mediziner zu informieren, berichteten lediglich 0,5 % der Antwortenden, dass sie an seelischen Störungen litten. Das Idealbild des seelisch stabilen Arztes, der jeder Anforderung gewachsen ist, wurde nicht nur zum Klischee der Allgemeinheit, sondern es wird auch vom Arzt selbst gefördert [126, S. 14]. Neuere Untersuchungen scheinen zu belegen, dass der Gesundheitszustand von Ärzten und Psychotherapeuten lange nicht so katastrophal ist, wie es verschiedene andere Studien aufzeigen wollen. Es existieren allerdings auch seriöse Untersuchungen, aus welchen hervorgeht, dass es um den Gesundheitszustand der Ärzte keineswegs gut bestellt ist. Bei diesen Studien kommt es eben darauf an, was für Fragen gestellt werden und wie sie beantwortet werden. Allgemein gestellte Fragen werden vermutlich von den Ärzten eher viel zu optimistisch beantwortet, wie das Beispiel der Parke-Davis-Fragebögen zeigt. Eine neue Untersuchung von Reimer und Mitarbeitern [111] scheint zu belegen, dass die Problematik nicht so alarmierend ist: Ärztliche und nichtärztliche Psychotherapeuten wurden über ihr Wohlbefinden befragt: Lediglich 17 % der ärztlichen und 7 % der nicht ärztlichen Psychotherapeuten gaben ihr Wohlbefinden mit „eher schlecht" oder „sehr schlecht" an. Schmidbauer vergleicht den Menschen mit Helfer-Syndrom mit einem verwahrlosten, hungrigen Baby hinter einer prächtigen, starken Fassade! [126, S. 15].

Ärztlich tätige Therapeuten sind offenbar einer besonderen Gefahr ausgesetzt, an einer Depression zu erkranken. In verschiedensten Publikationen ist diese Problematik diskutiert und erörtert worden. So fand Ross 1973 [119] in den USA, dass 28 % der Todesfälle bei Ärzten unter 40 Jahren auf Suizid zurückzuführen sind, im Vergleich zu 9 % bei der weißen männlichen Durchschnittsbevölkerung, und die Suizidrate bei Ärztinnen ist die höchste bei allen Frauen. In den USA ist sie viermal so hoch wie bei anderen Frauen, die über 25 Jahre alt sind. Auch andere Untersuchungen wie zum Beispiel die von Arnetz und Mitarbeitern [10] bestätigen das besondere Suizidrisiko bei Ärztinnen. Blachly und Mitarbeiter [22] fanden 1968 unter den Ärzten die häufigste Suizidrate bei Psychiatern, die geringste bei Kinderärzten.

Bämayr und Feuerlein [12] untersuchten alle Suizide von Ärztinnen, Ärzten, Zahnärzten und Zahnärztinnen in Oberbayern in der Zeit von 1963 bis 1978. Mit einer standardisierten Suizidziffer von 158 Suiziden bei den Ärzten, 296 Suiziden bei den Ärztinnen und 292 bei den Zahnärztinnen liegt dieses Suizidgeschehen signifikant, bei den Zahnärzten mit 125 Suiziden nicht signifikant über dem Suizidgeschehen der über 25-jährigen männlichen und weiblichen Bevölkerung Oberbayerns. Viele dieser untersuchten Gruppe waren psychisch krank, meist depressiv oder von einem Suchtmittel abhängig. Auch wenn diese Arbeit nicht mehr neu ist, so zeigt sie doch deutlich das hohe berufliche Risiko von Ärzten auf, an einer Depression zu erkranken oder gar durch Suizid zu enden.

Auch eine neue Untersuchung kommt zum Schluss, dass die Suizidraten bei Ärzten 1,3- bis 3,4-mal höher ist als in der Allgemeinbevölkerung. Bei Ärztinnen ist der Anteil sogar 2,5- bis 5,7-mal so hoch. Die meisten Suizide kommen bei Psychiatern und Anästhesisten vor [110].

In einer hochinteressanten Arbeit untersuchte Willi die gesundheitliche Situation der Psychiater in der Schweiz, verglichen mit Chirurgen und Internisten. Bei der militärischen Aushebung waren 21 % der späteren Psychiater dienstuntauglich (gegenüber 10 % bei den späteren Internisten und 7 % bei den späteren Chirurgen). Bei der entsprechenden Nachuntersuchung (14 bis 24 Jahre später) waren 48 % der Psychiater dienstuntauglich (gegenüber 22 % bei den Internisten und 24 % bei den Chirurgen). Als Ursache für die Wehruntauglichkeit bei den Psychiatern (sowohl bei der Aushebung mit 19 Jahren als auch bei der späteren Nachuntersuchung) waren psychische Ursachen signifikant häufiger ausschlaggebend als bei den Internisten und Chirurgen. Die höhere Verletzlichkeit (Vulnerabilität) der Psychiater, ihre größere Anfälligkeit für Depressionen, kann also nicht – oder zumindest nicht nur – mit dem Berufsstress erklärt werden. Die Untersuchung lässt weitere Fragen offen, etwa die, ob die Psychiatrie und Psychotherapie als Fach gewählt wird, um eigene Probleme zu lösen, im Sinn eines Selbstheilungsversuchs, oder die, ob Internisten und Chirurgen aufgrund ihres besseren Gesundheitszustands für eine militärische Laufbahn, oder zumindest für den obligatorischen Militärdienst, motivierter sind als angehende Psychiater [154].

Vaillant und Mitarbeiter [145] haben eine Gruppe von 47 Medizinstudenten untersucht, die sie mit einer Gruppe Studenten anderer Fachrichtungen verglichen. Beide Gruppen wurden während 30 Jahren verfolgt. Dabei zeigte sich, dass von den späteren Ärzten 47 % in einer schlechten Ehe lebten oder sich scheiden ließen, 36 % nahmen Medikamente oder Alkohol ein, 34 % haben sich einer Psychotherapie unterzogen und 17 % hatten einen Aufenthalt in einer psychiatrischen Klinik hinter sich. Die Zahlen waren eindeutig höher als in der sozioökonomisch vergleichbaren Kontrollgruppe. Auch diese Autoren stellen fest, dass die „psychologischen Vulnerabilitäten der Ärzte" mit ihrer Kindheit und ihrer Jugendzeit im Zusammenhang stehen. Auch sie kommen also zum Ergebnis, dass die berufliche Belastung allein die Verwundbarkeit der Ärzte nicht zu erklären vermag.

Loevenich und Mitarbeiter [86] weisen darauf hin, dass der Hauptanteil ärztlicher Morbidität Suchterkrankungen seien, dass die Suizidrate 2- bis 4-fach höher als in der Allgemeinbevölkerung und die Scheidungsrate 20-fach höher sei. Das Abhängigkeitsrisiko soll 30- bis 100-mal so groß sein wie in der Durchschnittsbevölkerung. Die Autoren stellen die Frage, ob Ärzte vielleicht „psychisch vulnerabler als ihre Patienten sein könnten". Die Untersucher weisen speziell darauf hin, dass mit zunehmendem Alter der Ärzte das Suizidrisiko erheblich ansteigt, wesentlich mehr als in der Durchschnittsbevölkerung. In dieser wissenschaftlichen Publikation von Loevenich und Mitarbeitern wird – für eine Fachzeitschrift außergewöhnlich – die Boulevard-Presse zitiert (*McCall-Magazine*), wo im Artikel *Heiraten Sie niemals einen Arzt* zu lesen steht:

> „Ärzte sind schlechte Ehemänner, schlechte Väter, abwesende Freunde, Primadonnen und so nutzlos im Bett wie ein ausgeschaltetes elektrisches Heizkissen."(!)

Das große Abhängigkeitsrisiko, die Suchttendenz der Ärzte, ist teilweise mit dem leichteren Zugang zu Medikamenten und Drogen zu erklären. Dahinter steckt oft eine narzisstische Bedürftigkeit, ein Mangel an Anerkennung, ein Gefühl des Zu-kurz-gekommen-Seins oder Zu-kurz-Kommens. Sehr verständlich wird in diesem Zusammenhang, wenn Schmidbauer von den Drogen sagt:

> „Rauschdrogen sind giftige Muttermilch" [126, S. 17].

Eine vor kurzem durchgeführte Befragung von Medizinstudenten der Universitätsklinik Saarland in Homburg zeigte auf, dass 90 % der Studenten innerhalb der letzten Tage Alkohol konsumiert hatten, fast ein Drittel (30,5 %) gab für diesen Zeitraum einen alkoholbedingten Kontrollverlust an, und ein Viertel (24,4 %) berichtete über einen „Filmriss" in den letzten zwölf Monaten [12]. Trinkgelage mit beträchtlichen Mengen Alkohol waren bei den Medizinstudenten häufiger als in der Kontrollgruppe. 12,3 % der Medizinstudenten hatten in den letzten 30 Tagen Cannabis (Haschisch) konsumiert, deutlich mehr als in der Kontrollgruppe [100].

Nicht zu unterschätzen ist auch die Arbeitsüberlastung vieler Ärzte. Manche Kollegen arbeiten länger als die übrige Bevölkerung. Eine Studie der österreichischen Ärztekammer hat bei Klinikärzten eine durchschnittliche Wochenarbeitszeit um 59 Stunden ergeben. Erschwerend kommt hinzu, dass der Verwaltungsaufwand und die Dokumentation der Behandlungen in den letzten Jahren (trotz Computer) zugenommen haben.

Der bekannte Suizidforscher Erwin Ringel weist in seiner Arbeit *Der Arzt und seine Depressionen* darauf hin, dass Depressionen infolge von Überforderung entstehen können [118]. Bei der Erziehung des Medizinstudenten werde das Versagen und der Misserfolg zu wenig berücksichtigt, es werde häufig ein Omnipotenzgefühl erzeugt, und die Grenzen der ärztlichen Möglichkeiten würden zu wenig aufgezeigt. Auf diese Weise kann der auf uns lastende Druck ins Unerträgliche gesteigert werden, sodass der Arzt Schuldgefühle bekommen kann, ohne wirklich schuldig zu sein. Diese Situation könne als Vorstufe zur Depression angesehen werden. Hinzu kommt, dass Ärzte häufig pflichtbewusste Menschen seien, eine Tatsache, die den inneren Druck noch verstärken könne. Die ärztliche Depression könne auch infolge eines falschen Lebensstils entstehen, indem zum Beispiel zu viel gearbeitet und die verbleibende Freizeit zu wenig zur eigenen Erholung genutzt werde. Der Partner oder die Partnerin komme häufig zu kurz, und in diesem Zusammenhang zitiert Ringel den bekannten Basler Psychiatrie-Professor Paul Kielholz, der gesagt hat: „Frauen von Ärzten sind Witwen mit Mann!" Nicht selten weigern sich Ärzte, ihre Krankheit (Depression) anzuerkennen, da auch in Ärztekreisen Depression nicht selten noch als Schwäche oder Schande gilt, als Beweis für mangelhafte Realitätsbewältigung.

Ärzte, die sich mit Suizidgedanken und -impulsen herumplagen, sollten sich nicht scheuen, Hilfe zu holen: Bei einem Arzt ihres Vertrauens, bei einem Fachkollegen ihrer Wahl. Schon viele Ärzte haben nach einem Suizidversuch oder nach einer Depression zu einem besseren Leben zurückgefunden [90]. Der Darstellung von Psychiatern in den Massenmedien sowie Vorurteilen gegen Depressive und gegen Therapeuten wird im anschließenden Kapitel Raum gegeben.

Depressionen und Suizidhandlungen kommen bei Ärzten im Allgemeinen und bei Psychiatern und Psychotherapeuten im Speziellen häufiger vor als in der Allgemeinbevölkerung. Der Ursachen gibt es viele: Nicht nur Überforderungssituationen und die berufliche Belastung dürften dafür verantwortlich sein, sondern es ist auch davon auszugehen, dass Menschen, die sich für den Beruf des Arztes, des Psychotherapeuten entscheiden, verletzlicher, „sensibler" sind als der Durchschnitt der Bevölkerung und sich damit auch als anfälliger für Depressionen erweisen. Ärzte und Therapeuten mit Suizidgedanken und entsprechenden Impulsen sollten sich nicht scheuen, Hilfe bei Fachkollegen ihrer Wahl zu suchen und zu beanspruchen.

16 Vorurteile gegen Depressive und gegen Therapeuten

Vorurteile sind die Vernunft der Narren

Der eine oder andere Leser könnte denken, dass ich mich – symbolisch gesehen – auf einem Dachboden befinde und in einer alten, verstaubten Kiste die längst versiegelt worden war, zu wühlen beginne. Leider ist diese Vorstellung falsch. Man könnte einwenden, dass noch in keinem Zeitabschnitt so offen, so viel, so ausführlich und so medienwirksam über psychische Krankheiten, insbesondere Depressionen, informiert worden sei, und dass deshalb kaum mehr Vorurteile existieren können. Der Alltag des Psychiaters, des Psychotherapeuten sieht aber ganz anders aus, und er bekommt von seinen Patienten ganz andere Bilder, Auffassungen und Überzeugungen „serviert". Im Folgenden versuche ich einige dieser Vorurteile gegenüber psychisch Kranken, Depressiven und Therapeuten herauszuarbeiten und aufzuzeigen:

1. Vorurteile gegen psychiatrische Kliniken und gegen Psychiatrie,
2. Vorurteile gegen Depression und Depressive,
3. Vorurteile gegen Therapeuten und gegen Psychotherapie,
4. Vorurteile gegen Pharmakotherapie,

5. Vorurteile von religiösen Menschen gegen Psychiatrie und Depression,
6. Was tun gegen Vorurteile?

Vorurteile gegen psychiatrische Kliniken und gegen Psychiatrie

Manche Menschen, die in eine psychiatrische Klinik eingewiesen werden – selbst mit deren Einverständnis – empfinden diese Tatsache als Makel. Sie schämen sich oft dafür und versuchen, ihren Freunden und Bekannten nichts davon zu erzählen, die Sache geheim zu halten. Neben rationalen Ängsten, die einfühlbar sein können, existieren oft irrationale Ängste, die zum Beispiel mit dem Gefühl verbunden sind, der Psychiater sei eine magische Gestalt, ein Mensch, der Gedanken lesen könne und der den Patienten ja sowieso schon durchschaue. Es könnte schließlich möglich sein, dass der Therapeut ihn – gegen seinen Willen – hypnotisiert oder dass er gar nicht mehr aus der Klinik entlassen werde. Der Patient könnte zu einer Therapie gezwungen werden, die er gar nicht möchte, zum Beispiel zu einer „Elektroschockbehandlung". Diese Vorstellung ist leider nicht so abwegig, wie sie scheinen mag. Vor Jahren erschien ein älterer Akademiker in meiner Praxis und berichtete während der Therapiesitzungen, dass er sich sehr fürchte, zu mir zu kommen. Als ich dieser Aussage auf den Grund gehen wollte und zu verstehen versuchte, warum er sich so ängstigte, erwiderte er nach mehreren Sitzungen: „Ich habe Angst, Sie könnten irgendwo einen Elektroschockapparat versteckt halten und diesen an mir anwenden wollen!" Wenn solche Ängste schon im ambulanten Bereich auftreten, wie viel mehr dann erst im Klinikbereich, dem man nicht entfliehen kann, etwa auf einer geschlossenen Abteilung [55, S. 423/24]. Manche hegen Angst, in einer Klinik „versenkt" zu werden. Die damit verbundene Vorstellung besagt, dass man gegen den Willen eingewiesen und festgehalten werde, ohne dass man die Klinik freiwillig wieder verlassen könne. An solchen Orten werde man auch – so lautet eine nicht selten anzutreffende Meinung – mit Medikamenten „abgefüllt", bekomme also so viele Medikamente eingetrichtert, bis man ein willenloses, sediertes Geschöpf wird, das sowieso mit allem einverstanden ist und gegen nichts mehr opponieren kann.

In der Bevölkerung wird aus diesen Bildern oft Kapital geschlagen, und entsprechende Darstellungen in den Medien zementieren solche Vorurteile. Ich denke etwa an den spannenden Film *Einer flog über das Kuckucksnest*, der in den 70er-Jahren zu Diskussionen Anlass gegeben hat, der aber nicht dazu beitrug, Vorurteile gegen die Institution Psychiatrie abzubauen [55, S. 24]. Gemäß Frau Hoffmann-Richter [68] lassen sich die in Filmen dargestellten Psychiater und Psychotherapeuten in drei Gruppen einteilen: Sie sind entweder bösartig, skurril, oder menschlich, aber eher erfolglos [68, S. 46]. Ob die Zuschauer zwischen Fiktion und Realität immer richtig differenzieren können, bleibe dahingestellt. Zumindest muss angenommen werden, dass der Einfluss der Medien prägend ist. Stein des Anstoßes sind immer wieder die psychiatrischen Kliniken, in die gewisse Kreise alles Mögliche (und Unmögliche) hineinprojizieren. Dass dies heute noch geschieht und an Aktualität nichts zu wünschen übrig lässt, ist beschämend. Und zwar deshalb, weil wider besseren Wissens böswillige Vorwürfe erhoben werden, die ein extremes Ausmaß annehmen. Als Beispiel erinnere ich an Flugblätter, die 2007 in Briefkästen verteilt wurden (auch ich fand in meinem Briefkasten ein solches Machwerk vor), auf denen von einer gewissen „Kirche" Werbung für eine DVD gemacht wird. Diese trägt den Titel *Psychiatrie, Tod statt Hilfe*. Dass überhaupt eine Institution existiert, die sich zudem „Kirche" nennt, die sich als Hauptfeind die „Psychiatrie"-Institutionen und einzelne Psychiater aussucht, um diese zu diffamieren, bedarf wohl keines weiteren Kommentars.

Innerhalb der Ärzteschaft sind Psychiater auch heute noch Stiefkinder, sie sind vielfach unbeliebt und werden nicht ernst genommen.

> „Misstrauisch von Kollegen anderer Fachrichtungen beäugt, ist er ein Mediziner ‚im Abseits' und ein stigmatisierter Mensch. Trotz seiner Approbation schneidet er nicht, berührt er nicht, sondern wählt als Mittel der Diagnose und Therapie ‚nur' das Wort. Er penetriert nicht mittels Sonden, um das Innere wahrzunehmen, sondern er versucht hinzuhören und mitzufühlen. Dieses Mitfühlen ist Erinnerung an die eigene Wunde, ist der Schlüssel, mit dem er verschlossene Türen öffnen kann" [40, S. 212].

Vorurteile gegen Depression und Depressive

Nicht selten äußern Patienten ihren Unmut, dass sie an einer psychischen Erkrankung wie einer Depression zu leiden haben. Eine körperliche Erkrankung wäre ihnen viel lieber: Wenn sie etwa einen Arm gebrochen hätten, würde dies von der Umgebung viel eher akzeptiert, sogar irgendwie bewundert und viel besser verstanden (die Sympathiebekundungen werden direkt sichtbar, zum Beispiel durch die Zeichnungen und Unterschriften, die auf dem Gips von jüngeren Freunden und „Fans" jeweils angebracht werden).

Eine Depression wird oft kaschiert, sie wird verheimlicht, da viele Angehörige und Freunde „es" ja ohnehin nicht verstehen würden. Ich begegnete auf der Straße einmal einem weitläufig Bekannten, der einige Schritte vor seiner Frau einherging. Als er mich sah, blieb er stehen und sagte zu mir: „Meine Frau hat eine beginnende Depression." Die Ehefrau, die dies gerade noch hören konnte, widersprach ihm sofort: „Nein, ich habe keine Depression, ich habe nur eine Migräne!" (Später stellte sich heraus, dass sie wirklich Depressionen hatte.)

Eine noch jüngere Patientin, die bei mir wegen eines chronisch-depressiven Zustandes in Behandlung ist und bis vor wenigen Jahren noch gearbeitet hatte, erzählte von einem Gespräch mit ihrem damaligen Personalchef. Dieser, ein höherer Staatsangestellter, habe zu ihr Folgendes gesagt: „Es kann ja jemand einen Unfall haben, es kann auch jemand einmal krank werden, aber jetzt haben Sie noch psychische Probleme, jetzt sind Sie für uns untragbar geworden!" Es ist eine Erfahrungstatsache, dass in Betrieben psychisch Kranken schneller gekündigt wird als körperlich Kranken.

In einer repräsentativen Umfrage bei 530 Münchnern zeigte sich, dass mehr als die Hälfte (54,5 %) kaum oder keine Vorstellung von psychischer Krankheit hatte. Bezüglich der Behandlung fanden nur 40 % der Befragten Medikamente für sinnvoll, 11 % hielten auch Operationen für heilsam (!) und fast die Hälfte (45,5 %) meinten, dass oft Personen ungerechtfertigt in psychiatrische Kliniken eingeliefert würden [84].

Vorurteile gegen Therapeuten und Psychotherapie

Vermutlich bestehen auf diesem Gebiet die meisten Vorurteile, die auch heute noch übermäßig stark vorhanden sind, und zwar trotz aller Aufklärung der Medien – oder vielleicht gerade wegen der Aufklärung. Die bereits erwähnte Frau Ulrike Hoffmann-Richter hat in ihrem Buch *Psychiatrie in der Zeitung, Urteile und Vorurteile* [68] sehr klar zeigen können, dass das Thema Psychiatrie in den bekannten großen Tageszeitungen schlechter abschneidet als andere medizinische Disziplinen. Dies trifft nicht nur auf die Informationen in den Medien zu, die offiziell als „sachlich" gelten, sondern, wie bereits erwähnt, auch auf die verschiedensten Spiel- und Kriminalfilme, in welchen Psychiater oder Psychotherapeuten vorkommen.

Häufig werden Vorurteile und Vorbehalte gegenüber der Psychiatrie etwas verklausuliert und mehr oder weniger dezent geäußert. So erzählte mir einmal ein Kollege, der nach seinem Medizinstudium sich für Psychiatrie zu interessieren begann, dass sein Vater zu ihm gesagt habe: „Jetzt hast Du so lange Medizin studiert und jetzt willst Du Psychiater werden!"

Manchmal treten Psychiater in der Öffentlichkeit auf, die es leider versäumen, ihre Berufsarbeit richtig und adäquat darzulegen und in einem seriösen Licht erscheinen zu lassen. So trat beispielsweise in der Rundschau im Schweizer Fernsehen am 12.7.06 ein Psychiater auf, der über Psychotherapie sagte, diese bestehe vor allem darin, die Probleme der Patienten „abzuhören" und mit diesen Gespräche zu führen, wie sie irgendjemand anderer auch führen könne [150]. Auch wenn seine Aussage vielleicht nicht ganz so gemeint war, so dient sie doch dazu, bestehende Vorurteile zu bestärken oder neue aufzubauen. Nicht von ungefähr wurde in diesem Zusammenhang von „entwertenden Äußerungen über die psychotherapeutische Tätigkeit" [150] gesprochen. Auf die gleiche Sendung im Fernsehen Bezug nehmend schreibt Taverna zusammenfassend:

„Das Resultat ist ein diffuses Misstrauen, auch dort, wo es nicht angebracht wäre, verstärkt durch die gut gemeinten, aber letztlich banalisierenden und für Laien wenig hilfreichen Erläuterungen der Fachexperten" [139].

Es soll nicht verschwiegen werden, dass die behandelnden Psychiater und Therapeuten selbst nicht immer unschuldig sind an Vorurteilen – oder zumindest an einer gewissen Skepsis – in der Bevölkerung. So wurde in den letzten Jahren vermehrt in den Medien von Übergriffen während der Therapie berichtet. Leider kommt es in Therapien manchmal zu sexuellen Übergriffen, für welche ausnahmslos der Therapeut oder die Therapeutin die Schuld trägt und sich zu verantworten hat. Etwa 10 % der befragten Psychotherapeuten haben sexuelle Kontakte zu Patienten und Patientinnen zugegeben, wie verschiedene empirische Studien gezeigt haben [11, S. 329]. Eine Befragung von 1442 Psychiatern in den USA ergab in den 90er-Jahren folgendes Ergebnis: Etwa 7 % der Fachmänner und 3 % der Fachfrauen gaben zu, sexuelle Kontakte mit Patienten gehabt zu haben [zitiert nach 142, S. 8]. Natürlich sind solche Übergriffe nicht auf das Fachgebiet der Psychiatrie beschränkt, sondern kommen auch bei Ärzten anderer Disziplinen vor. Nur hat es in der Psychiatrie häufig die schwerwiegendsten Konsequenzen, da sich manche Patienten bzw. Patientinnen in einer Ausnahmesituation befinden und in einem stärkeren Abhängigkeitsverhältnis zum Therapeuten stehen, als dies bei anderen Fachärzten der Fall sein mag. Statt darüber objektiv zu informieren, wird das Problem von den Medien nicht selten aufgebauscht und in übertriebener Weise dargestellt. So stand in einer Tageszeitung der Schweiz 2002 zu lesen, dass in unserem Land mit ca. 10 000 sexuellen Übergriffen zu rechnen sei, die allein durch Ärzte begangen worden seien. Dass daraus auch noch Kapital geschlagen wird, zeigt folgende Medienmitteilung:

„Die Zeitschrift ‚Beobachter' sucht für einen Artikel junge Patientinnen und Patienten, die von einem Arzt oder Psychiater sexuell belästigt worden sind."

Die Schweizerische Ärztezeitung kommentiert:

> „Die Hetzkampagne gegen uns Ärzte schreckt auch beim ‚Beobachter' vor keiner Schranke zurück" [162].

Interessant scheint mir auch die Formulierung „Arzt oder Psychiater", als ob Psychiater keine Ärzte wären!

Wie wichtig eine Psychotherapie bei Depressiven ist, ist in der Bevölkerung noch viel zu wenig bekannt. Das, was in den Medien über Psychotherapie zu finden ist, wirkt oft banal, pseudokritisch, herabmindernd oder entspricht schlicht nicht den Tatsachen. Als kleine Kostprobe ein Zitat von Sibylle Berg:

> „Heute weiß man, dass viele Formen der Depression mit Medikamenten zu behandeln und absolut psychotherapieresistent sind ... Das Leben ist eine relativ mühsame Sache, ich bin mir nicht sicher, ob Therapeuten daran viel ändern können ... und ob man sein Leben mit oder ohne Therapeuten meistert, ist irgendwie auch ein wenig egal" [21].

Die Arbeit des Psychotherapeuten wird in der Gesellschaft unterschätzt und fehlbeurteilt. Die Tatsache, dass wir keinerlei apparativen Aufwand betreiben, scheint diesem Vorurteil Vorschub zu leisten. Als ich noch in der Psychiatrischen Universitätspoliklinik als Oberarzt tätig war, wurde einmal mit allen Angestellten und mit einigen ärztlichen Besuchern von auswärts diskutiert, wie sparsam eine Poliklinik mit ihren Ressourcen umzugehen habe. Als mein damaliger Chef dann sagte, die Psychiatrische Poliklinik sei sowieso die kostengünstigste von allen, sagte eine ältere Ärztin spontan: „Natürlich, Ihr tut ja auch nichts!" Trotz schallenden Gelächters hat diese Dame eine Meinung zum Ausdruck gebracht, die mit einem großen Teil der Bevölkerung übereinstimmen dürfte. Was nichts kostet, ist auch nichts wert bzw. was wenig kostet, ist nur wenig wert. Es ist sicher nicht zufällig, dass die frei praktizierenden Psychiater noch heute mit Abstand zu den am schlechtesten bezahlten Ärzten gehören.[1]

Für das Jahr 2007 sind in der Schweiz strengere Bestimmungen für Psychotherapeuten vorgesehen: Sie müssen sich häufiger als zuvor gegenüber dem Vertrauensarzt der Krankenkasse rechtfertigen für eine bestimmte Therapie und haben schon frühzeitig zu begründen, warum eine Therapie durchzuführen ist. Dass mit dieser neuen Regelung der administrative Apparat unnötig belastet wird, dass von Seiten der Krankenkassen und Versicherungen und von Seiten der Ärzte der „Papierkrieg“ zunimmt (und ebenfalls kostet), scheint dabei niemandem an den betreffenden Stellen aufgefallen zu sein. Im Übrigen ist die Regelung nicht frei von Diskriminierung der Psychiater und Psychotherapeuten, da die übrigen Fachärzte und Allgemeinärzte sich nicht zu einem so frühen Zeitpunkt rechtfertigen müssen, dass eine bestimmte Therapie auch wirklich indiziert sei.

Dass Psychotherapie generell mehr eingeschränkt und damit Geld eingespart werden soll, ist ein fataler Fehlentscheid. Man vergisst dabei die Tatsache (oder übersieht sie geflissentlich), dass viele Menschen sich dank einer Therapie im Leben zurechtfinden und es auf diese Weise überhaupt meistern können. Auch darf nicht vergessen werden, dass der Tendenz der Krankenkassen und Versicherungen unbedingt entgegenzuwirken ist, wonach eine bestimmte Krankheit in so und so viel Zeit „geheilt“ werden könne/müsse. Die Theorie, das „Lehrbuch“, trifft eben auf viele Menschen gerade im psychischen Bereich nicht zu: Die Realität ist komplexer und nicht so einfach. Zudem existiert eine nicht kleine Zahl von psychisch chronisch Kranken, die während vieler Jahre oder Jahrzehnte vielleicht nicht wöchentlich, aber dennoch grundsätzlich einer Psycho-

[1] Die Tarifrevision in der Schweiz (Tarmed) hat daran nur wenig geändert, obschon die „Geburt“ des neuen Tarifsystems fast 15 Jahre gedauert hat! Für die Psychiater hat der Tarmed zwar eine bescheidene Verbesserung gebracht, in der Größenordnung von 10 bis 20 % der vorherigen Tarife, doch ist zu bedenken, dass es noch zu Beginn dieses Jahrhunderts Kantone gegeben hat, in denen kaum um die 150 Fr. pro Stunde bezahlt wurde. Vergleicht man etwa die Honorierung einer Stunde eines Psychiaters mit der eines Advokaten (der auch keinen apparativen Aufwand und etwa ähnlich hohe Ausgaben hat) so zeigt sich, dass der Stundenansatz beim Advokaten etwa gut doppelt so hoch ist. Zudem ist die Ausbildung zum Psychiater aufwändiger und dauert länger.

therapie bedürfen, damit sie ein lebenswertes Leben führen oder überleben können, sei es mit oder ohne Medikamente. Auch muss noch ein anderer Aspekt erwähnt werden, es ist eine Frage der Logik. So schreiben Hoffmann und Ebner [67] treffend:

> „In der Schweiz werden Straftätern als Maßnahme immer längere Psychotherapien verordnet – unter Hinweis auf deren Wirksamkeit. Gleichzeitig steht nun aber die Forderung im Raum, für nicht deliquent gewordene psychisch Kranke die Therapiedauern zu verkürzen. Ist Psychotherapie eine Strafe? Oder soll es Straftätern besser gehen?"

Vorurteile gegenüber Pharmakotherapie

Vielfach wird geglaubt, dass Psychopharmaka entweder kaum etwas nützen oder abhängig machen würden. Ein positiver Einfluss der diversen Psychopharmaka, der Neuroleptika oder Antipsychotika (antipsychotisch wirkende Medikamente), der Antidepressiva und der sogenannten Tranquilizer ist längst nachgewiesen und nicht mehr weg zu diskutieren. Der Einwand, dass diese Medikamente süchtig machen würden, stimmt nur zum kleinen Teil: Neuroleptika und Antidepressiva machen nicht abhängig, also nicht süchtig, während die meisten Tranquilizer sehr wohl ein gewisses Abhängigkeitspotential haben, das heißt süchtig machen können. Dies bedeutet jedoch lediglich, dass solche Medikamente von kompetenten Ärzten mit der nötigen Vorsicht verschrieben werden sollten. Im Übrigen können auch viele Schmerz- und Schlafmittel ebenfalls abhängig machen, wenn sie zu lange und in steigender Dosierung eingenommen werden.

Oft begegnet man auch dem Einwand, ein Antidepressivum zum Beispiel löse die Probleme des an einer Depression Erkrankten nicht. Die Aussage ist zwar zutreffend, doch spricht sie nicht gegen eine solche Behandlung. Ein Antidepressivum ist nicht dazu da, sämtliche Probleme des Patienten zum Verschwinden zu bringen, sondern – wie der Name sagt – die Stimmung des Patienten aufzuhellen, ihm die Fähigkeit zurückzugeben sich zu freuen und wieder, wie früher, am Leben aktiv teilzuhaben. Ein Depressiver ist zu vergleichen mit jemandem, der einen hohen Berg besteigen muss. Der Berg symbolisiert die Gesamtheit der Probleme des Kranken. Mit Hilfe eines Antidepressivums (und der begleitenden Psychotherapie, die nie fehlen darf), wird der Patient befähigt den Berg zu bezwingen, was ihm zuvor, im depressiven Zustand, nie gelungen wäre. Der Berg bleibt also derselbe, aber der Patient verändert sich: Der Gesunde vermag den Berg sehr wohl zu besteigen, im depressiven Zustand jedoch wäre es ihm nicht möglich gewesen. Man kann sich den depressiven Patienten symbolhaft mit einer schweren Last am Buckel vorstellen, die nur er selbst niederlegen kann [55]. Als Einwand wird manchmal vorgebracht, Antidepressiva würden die Persönlichkeit verändern. Dies tun sie gerade nicht, sondern sie verändern die der Depression zugrunde liegende „Hirnfunktionsstörung" [122, S. 32].

In *Das Beste aus Readers Digest* war vor einigen Jahren Folgendes zu lesen unter der Überschrift *Trauriger Trend:*

> „Weil immer mehr Schweizer teure Pillen gegen depressives Leiden schlucken, hat sich bei uns der Antidepressiva-Umsatz in den letzten 5 Jahren schier verdreifacht. Die Pharmaindustrie setzt mit Glückspillen 156 Millionen Franken um ... Am Geschäft mit der Traurigkeit verdienen auch selbständige Psychiater und Therapeuten mit FMH-Facharzttitel von Jahr zu Jahr mehr" [101].

Diese wenigen Sätze enthalten mehrere Ungenauigkeiten und Fehler: Erstens werden Antidepressiva nicht gegen Traurigkeit, sondern gegen Depressionen eingesetzt (Trauer ist ein normalpsychologischer Zustand, eine Depression dagegen nicht). Zweitens sind Antidepressiva keine „Glückspillen", sondern Medikamente, die dem Patienten nicht einfach ein Glücksgefühl vermitteln, sondern sie führen dazu, dass er wieder so wird wie vor seiner Erkrankung. Drittens sind Antidepressiva, verglichen mit anderen Medikamenten, nicht besonders teuer: Die älteren Medikamente sind meist günstig, die neueren dagegen sind teurer wie alle anderen Medikamente auch, die neu auf den Markt kommen. Viertens: Dass die selbständigen Psychiater und Therapeuten daran verdienen, stimmt so nicht. Zwar gibt es einige Kantone in der Schweiz mit „Selbstdispensation", das heißt, dass der Arzt dem Patienten Medikamente direkt verkaufen kann, doch ist dies lange nicht in allen Kantonen der Fall. Zudem ist die heutige Gewinnmarge für den Psychiater recht bescheiden. Dass dieser Zusatzverdienst nur gering ist, hängt unter anderem auch damit zusammen, dass ein Psychiater nur etwa 30 bis 50 Patienten pro Woche behandeln kann – oft auch weniger –, während dies in anderen medizinischen Disziplinen ein Mehrfaches sein dürfte (z. B. Hausarzt).

Vor einigen Jahren hatte ich ein interessantes Erlebnis im Zusammenhang mit einem Vorurteil gegenüber Psychopharmaka: Ein Depressiver kam in meine Praxis und wollte kein Antidepressivum einnehmen. Ich merkte, dass nicht er, sondern seine Frau eine „Gegnerin der Chemie" war. Ich bat ihn deshalb, das nächste Mal zusammen mit seiner Frau zu mir zu kommen. Ich erklärte ihr, wann und warum es sinnvoll sei, von Antidepressiva Gebrauch zu machen. Sie gab unwillig ihre Erlaubnis und sagte quasi, ihr Mann solle schließlich selbst entscheiden, was für ihn gut sei. Leider erfuhr ich erst in der darauf folgenden Sitzung, als der Ehemann mich wieder allein konsultierte, dass seine Frau nicht nur Raucherin war, sondern dass sie auch jetzt noch weiter rauchte, obschon sie schwanger war! [55, S. 28].

Vorurteile von religiösen Menschen gegen Psychiatrie und Depression

Während meiner jahrelangen Tätigkeit als Psychiater und Psychotherapeut habe ich immer wieder bemerkt, dass auch in streng religiösen Kreisen Vorurteile gegenüber meinem Fachgebiet bestehen. Diese Vorurteile können sich, besonders bei Depressionen, negativ auswirken, da man den depressiven Zustand oft nicht als solchen erkennt, ihn nicht wahrhaben und sich schon gar nicht einer Behandlung unterziehen will. Dies ist nicht nur für den Betreffenden sehr qualvoll, sondern kann sogar lebensgefährlich sein, da die Depressiven die häufigste Risikogruppe für Suizidhandlungen darstellen.

In orthodox religiösen Kreisen wird etwa diskutiert, ob ein wirklich frommer Mensch überhaupt depressiv werden „dürfe" oder könne? Sind Symptome wie Hoffnungslosigkeit, Angst, Verzweiflung und Misstrauen – auch im religiösen Bereich – nicht Zeichen dafür, dass es mit seiner religiösen Überzeugung nicht stimmt? Sollte sein Glaube an Gott ihn nicht vor diesem Zustand, der ja oft nicht als Krankheit erkannt wird, schützen? Müssten die von dieser Krankheit Befallenen nicht Hilfe im Gebet suchen, um ihr Vertrauen in Gott zu stärken? Sollten diese Menschen nicht aufgefordert werden, sich zusammenzureißen und sich nicht mehr solch düsteren Gedanken hinzugeben?

Diese Fragen sind grundsätzlich zu verneinen. Einem depressiven Gläubigen kann das Gebet manchmal zwar eine Hilfe sein, doch kann eine Depression nicht einfach durch Gebete behoben werden. Auch Gläubige, die in einer kirchlichen Institution Halt finden, sind nur Menschen, die wie alle anderen von dieser Krankheit und auch von allen anderen Leiden befallen werden können [55].

Im Alten Testament werden Menschen erwähnt, die depressiv waren oder Gott gebeten haben, ihrem Leben ein Ende zu setzen, zum Beispiel Mose, Elia, Hiob und Jona. Lebensverneinende Aussagen sind im Alten Testament durchaus zugelassen, so etwa steht zu lesen:

> „Wie gut haben es die Toten! Ihnen geht es besser als den Lebenden. Noch besser sind die dran, die gar nicht geboren wurden und die Ungerechtigkeit auf der Erde nicht sehen mussten.“ (Prediger 4, 2–3)

Religiöse Menschen, die depressiv werden, fühlen sich gegenüber Gott schuldig und als Sünder. Dieses religiöse Schuldgefühl und die entsprechenden Versündigungsgedanken können sich zu einem Versündigungswahn entwickeln. Allerdings muss hier angefügt werden, dass eine solche Wahnentwicklung (Schuldwahn) auch bei Depressiven vorkommt, die nicht religiös sind. Die Betreffenden fühlen sich von Gott verworfen, fühlen sich als Mensch, der keiner Gnade mehr würdig sei. Wenn dann zusätzlich noch Pfarrer oder Pastoren in solchen Situationen dem Betreffenden einzureden versuchen, er müsse Reue zeigen und Buße tun, kann diese Aufforderung fatale Folgen haben. Es ist durchaus möglich, dass der Kranke dadurch einem solchen Druck ausgesetzt wird, dass er völlig verzweifelt und möglicherweise Hand an sich legt [16, S. 59].

Depressive Gläubige fühlen sich nicht nur von Gott verworfen, sie empfinden sich auch als Versager, sie fühlen sich von schwerer Schuld gedrückt, und durch die Depression wird ihr Gottesbild zusätzlich verzerrt. Gott wird zur strafenden und rächenden Instanz. Meist bessern sich diese Überzeugungen erst, wenn auch das depressive Zustandsbild aufhellt: ein Grund mehr, die zugrunde liegende Krankheit, die Depression, unbedingt zu behandeln. Wenn im Hohen Lied der Liebe (1. Kor. 13) Paulus die wichtigsten drei Grundelemente Glaube, Liebe, Hoffnung nennt, so ist zu bedenken, dass im depressiven Erleben alle drei brüchig werden können. Während körperlich Kranke in ihrem Leiden durchaus noch Hoffnung empfinden und daran glauben können wieder zu gesunden, ist dies dem schwer depressiven Menschen nicht mehr möglich. Er ist überhaupt nicht mehr in der Lage, Positives zu sehen und zu erkennen, nicht nur im religiösen Bereich. Durch die verzerrte Wahrnehmung, durch seine düstere Optik, vermag er nur das Negative zu sehen und darüber nachzudenken. Bei schweren Depressionen scheint die Erstarrung des Gefühlslebens auch die Fähigkeit zu beeinträchtigen, religiöse Gefühle, zumindest positive, zu erleben und zu empfinden [45, S. 281]. Treffend schreibt Hell [61, S. 232/233], dass die Hoffnungs- und Bindungsunfähigkeit dem gläubigen Depressiven gemütvolle Glaubenserfahrungen unmöglich mache. Er erwähnt das Beispiel einer Theologin, die selbst eine schwere Depression durchgemacht hatte, die sich nicht mehr vom Glauben getragen fühlte, sondern sie hatte das Gefühl, dass sie den Glauben tragen müsse!

Eine Frau, Mitte 70, suchte mich wegen eines depressiven Zustandsbildes in meiner Praxis auf, nachdem ihr Mann gestorben war. Im Laufe der Gespräche berichtete sie, dass sie schwere Schuld auf sich geladen habe, da ihr Mann einen Teil des Vermögens nicht deklariert und somit nicht versteuert hatte. Sie habe das Geld übernehmen müssen und dürfe mit niemandem darüber sprechen. Die Patientin war streng religiös, sie war römisch-katholisch. Da dieses Schwarzgeld zur zentralen Thematik wurde, fragte ich sie, ob sie schon mit ihrem Priester gesprochen habe, ob sie zur Beichte gewesen sei. Sie verneinte die Frage, sie fand den Vorschlag aber einer Überlegung wert. Nach einigem Abwägen sprach die Patientin mit ihrem Pfarrer und fand schließlich mit Hilfe des Seelsorgers und des Therapeuten aus ihrer Depression heraus [55].

Was tun gegen Vorurteile?

Was ist also zu tun angesichts der multiplen Vorurteile, die in der Gesellschaft, in religiösen Kreisen und in unserem Umfeld gegenüber Depressiven und ihren Therapeuten bestehen?

Auch wenn es banal klingen mag, so steht an erster Stelle das Bewusstwerden der Tatsache, dass die erwähnten Vorurteile in unserer Umgebung, in unserer Gesellschaft, noch immer vorhanden sind und auch im 21. Jahrhundert noch kein Ende gefunden haben.

Wir Psychiater, Psychologen, Psychotherapeuten und Seelsorger sollten alles daran setzen, Vorurteile gegenüber Depressiven abzubauen, indem wir immer wieder darauf hinweisen, dass Depressive Kranke sind, die genauso einer Behandlung bedürfen wie jene, die an einer körperlichen Krankheit leiden. Moderne und neuere Forschungsergebnisse haben gezeigt, dass die Unterscheidung zwischen körperlichen und seelischen Krankheiten nur noch bedingt zu rechtfertigen ist: Ich erwähne in diesem Zusammenhang den altbekannten Begriff der Psychosomatik und auch die neuesten Ergebnisse der Hirnforschung. Hinweise auf die Bedeutung der Depression und den Stellenwert dieser Krankheit erfolgen sowohl im Umgang mit den Kranken selbst als auch in Schulungen, in Fort- und Weiterbildungen sowie in Publikationen, die nicht nur für Fachpersonen, sondern auch für eine breite Öffentlichkeit bestimmt sind. Ich bin mir bewusst, dass solche Bemühungen im Gange sind, zum Beispiel in Deutschland: Ich denke etwa an das „Bündnis gegen Depression“, wo in verschiedenen deutschen Städten eine intensive und anerkennenswerte Arbeit geleistet wird. Ich weiß auch, dass Erfolge erzielt wurden, die sich sehen lassen können. Trotzdem wage ich zu behaupten, dass wir heute weniger Vorurteilen begegnen würden, wenn in den letzten 20 Jahren ähnliche Kampagnen durchgeführt worden wären, wie sie etwa gegen Aids getätigt wurden.

Trotz vielfältiger Aufklärung in den Massenmedien bestehen dennoch Vorurteile gegen Depressive, gegen ihre Therapeuten und gegen ihre Behandlungsweisen. Depressive werden in einem Betrieb schneller als nicht mehr tragbar angesehen als die an einer körperlichen Krankheit Leidenden. Verschiedene Vorurteile gegen Psychotherapie und gegen die medikamentöse Therapie werden aufgezeigt und diskutiert. Die Stellung des Psychiaters und Psychotherapeuten ist vielfach sehr ambivalent besetzt: Im Notfall ist man froh um ihn, doch gilt Psychotherapie fatalerweise bei vielen (zum Teil auch bei Politikern) als unnötiger Luxus oder zumindest als entbehrlich.

17 Psychotherapie

„Wem wissenschaftliche Grundlagen Geleise sind statt Wegweiser,
ist ein Stümper; wer eine Methode hat und diese überall anwendet,
ein Handwerker ... Wer nicht in jedem Kranken, auch im allereinfältigsten,
den Mitbürger sieht und in der verwahrlostesten Patientin
etwas von dem Fraulichen, ist als Seelenarzt fehl am Platz ...“

(Prof. Dr. Jakob Klaesi) [77]

Noch immer werden Seele und Leib als zwei voneinander getrennt funktionierende Systeme betrachtet. Dieser Anschauung muss die heutige Erkenntnis entgegengehalten werden, dass Leib, Seele und Geist eine Einheit, ein Ganzes darstellen, dass der Mensch eine biopsychosoziale Einheit ist. Erlebensprozesse sind immer auch „Erleibensprozesse“, so wie es der Volksmund treffend von einem Menschen sagt: „... wie er leibt und lebt ...“. In der Psychotherapie kommt dem Gespräch, dem gesprochenen Wort, zentrale Bedeutung zu. Es setzt das Zuhören-Können voraus und geschieht auf dem Hintergrund einer emotionalen Beziehung zwischen Patient und Therapeut [76, S. 10]. Von den verschiedenen Definitionen der Psychotherapie habe ich die folgende ausgewählt:

> „Psychotherapie ist die Behandlung emotionaler Probleme mit psychologischen Mitteln, wobei ein dafür ausgebildeter Therapeut mit Bedacht eine berufliche Beziehung zum Patienten herstellt mit dem Ziel, bestehende Symptome zu beseitigen, zu modifizieren oder zu mildern, gestörte Verhaltensweisen zu wandeln und die günstige Reifung und Entwicklung der Person zu fördern“ [160, S. 385].

Beizufügen ist, dass Psychotherapie über das Soma wirkt, zum Beispiel über unsere Sinnesorgane.

Obschon der Begriff Psychotherapie heute in aller Munde ist und bekannt zu sein scheint, sind die meisten sich nicht im Klaren, welche Bedeutung sie hat. Über die vielen Vorurteile, die vor allem bei Politikern und in den Massenmedien zum Ausdruck kommen, wurde in einem speziellen Kapitel berichtet. Aber auch der „Durchschnittsbürger“ hegt oft falsche Vorstellungen und hat im Grunde keine Ahnung, was Psychotherapie bedeutet. Dieser Sachverhalt bekommt eine besondere tragische Dimension, wenn man sich vergegenwärtigt, dass gerade auf dem Gebiet der Psychologie und Psychiatrie fast jeder ein Experte zu sein scheint. Nicht selten hört man zum Beispiel den Einwand, dass jemand dann keiner Psychotherapie bedürfe, wenn er einen Ansprechpartner, einen guten Bekannten habe, dem er seine Probleme erzählen könne. Ob man dem Psychotherapeuten von seinen Nöten erzähle oder einer persönlichen Vertrauensperson, komme auf dasselbe hinaus. Diese oberflächliche Betrachtungsweise ist schon deshalb falsch, weil selbst ein guter Freund, dem das gesamte Fachwissen fehlt, oft nicht gleich zuhören kann wie ein Therapeut. Auch kann er keine Zusammenhänge aufzeigen und keine Deutungen vornehmen. Vielfach sind solche Menschen auch weniger geduldig als der Therapeut. Nicht selten habe ich es erlebt, dass sich Freunde von Patienten abwenden, weil sie dessen Klagen nicht mehr aushalten und sich selbst schützen müssen. Natürlich kann auch ein wirklicher Freund oder eine Freundin einem seelisch Leidenden eine Hilfestellung bieten und kann für einen Depressiven eine große Stütze sein. In der Psychotherapie versucht der Therapeut aber ein Gesamtbild der seelischen Zusammenhänge des Patienten zu erhalten und seine Problematik nicht nur auf der bewussten, sondern auch auf der unbewussten Ebene zu verstehen. Der Patient wird zum Beispiel nach Träumen befragt, die mit ihm zusammen gedeutet werden und die Einblick in unbewusste Bereiche ermöglichen. In der Psychotherapie geht es um die Erfassung der gesamten Psychodynamik, die beispielsweise erklären soll, warum sich ein Patient immer wieder in dieselben Probleme verstrickt oder welches die unbewussten Triebfedern sind, die ihn dazu verleiten, immer wieder die gleichen Fehler zu begehen: Warum sich zum Beispiel eine Frau immer wieder in Männer verliebt, mit denen sie nie eine feste Bindung eingehen kann, da diese schon verheiratet sind oder in einer festen Beziehung leben. Die Folge von immer wiederkehrendem Fehlverhalten sind nicht selten Depressionen. Psychotherapie sollte Einsicht und Selbstkritik, aber auch das Selbstvertrauen fördern: Sie vermittelt Einblick in seelische Abläufe, in psychodynamische Zusammenhänge des Patienten [55, S. 183/184].

Nachdem ein Patient genau angehört und die Diagnose einer Depression gestellt worden ist, muss er über die Krankheit und das Vorgehen informiert werden. Er sollte beraten werden, wie er seinen Alltag bewältigt, sollte von Verpflichtungen möglichst entlastet werden, und vor allem muss er orientiert werden, dass die Depression eine Krankheit ist, die in der Regel gut behandelt und geheilt werden kann. Viele Depressive erklärten nach durchgemachter Krankheit, dass ihnen die Vorhersage, sie würden wieder gesund, in dieser schwierigen Zeit die größte Hilfe gewesen sei [30, S. 127] (selbst wenn sie diese Aussage kaum glauben konnten).

Auch wenn Depressive in der Regel mit Psychopharmaka behandelt werden, ist die Psychotherapie trotzdem sehr wichtig. Die Frage lautet also nicht: „Medikamentöse Therapie oder Psychotherapie?“, sondern eine Psychotherapie ist immer die Voraussetzung für jede Behandlung. In den meisten Fällen ist bei Depressionen eine Psychotherapie zusammen mit einer Pharmakotherapie angezeigt, zumindest braucht es letztere bei mittelschweren und schweren Depressionen. In jedem Fall sollte eine Psychopharmakotherapie nie ohne flankierende Psychotherapie erfolgen. Sonst käme dies – wie Pöldinger [108] treffend formuliert – der Situation gleich, „in der jemand über eine Brücke geht, unterhalb einen Ertrinkenden um Hilfe rufen hört und diesem nur einen Rettungsring zuwerfen würde, ohne sich darum zu kümmern, ob er ihn überhaupt erreicht und wieder an Land kommt“.

Wie eng Psycho- und Pharmakotherapie verwandt und voneinander abhängig sind, zeigt ein historisches Beispiel, das bald ein Jahrhundert alt ist: Als Klaesi, der primär Psychotherapeut war, um 1920 im „Burghölzli" in Zürich die Schlafkur mit Somnifen, einem Barbiturat, einführte, hatte er das Ziel, eine schwer zugängliche, schizophrene Patientin abhängig und hilfsbedürftig werden zu lassen, um zu ihr einen besseren psychotherapeutischen Zugang zu erhalten [54].

> „Dieser Primat der Psychotherapie blieb auch bestehen, als wirksame somatische Behandlungsverfahren eingeführt wurden",

schreiben Schott und Tölle [130, S. 493] in ihrem ausgezeichneten Werk *Geschichte der Psychiatrie.*

Bei einer Psychotherapie geht es nicht primär um eine bestimmte therapeutische Schule oder Richtung, sondern ganz allgemein um die Haltung des Therapeuten, des Arztes, der dem psychisch Kranken gegenüber eine Offenheit, Loyalität und Solidarität zeigt, ohne die notwendige Distanz zu verlieren [16, S. 149]. Die Stimmung von schwer Depressiven kann während des therapeutischen Gesprächs für eine gewisse Zeit aufhellen, und sie vermögen manchmal ihre narzisstische Leere, ihr narzisstisches Loch, kurzzeitig aufzufüllen.

> „Es ist diese menschliche Teilnahme, die es diesen Menschen erleichtert, jenes ihrer narzisstischen Leere entspringende Verlassenheiterleben, jene Trennungsangst ... zu überwinden, die in der Psychodynamik einer jeden Depression, wie auch immer sie herbeigeführt sein möge, mitenthalten ist ... Der depressive Kranke muss zuerst überzeugt sein, dass der Arzt unverrückbar bereit ist, mit ihm in die Hölle der Depression zu steigen, ohne sich darin zu verlieren",

schreibt Battegay treffend [16, S. 150]. Der Therapeut muss den Depressiven verstehen und mit ihm in Beziehung treten. Auch schwer Depressiven gelingt es manchmal, diese menschliche Zuwendung im therapeutischen Gespräch zu spüren und den bescheidenen Rest ihres Narzissmus, ihres Selbstwerterlebens – wie bereits gesagt – für eine gewisse Zeit zu mobilisieren. Eine regelmäßige psychotherapeutische Zuwendung ist für die Depressiven eine Grundvoraussetzung für ihre Gesundung und schlechthin unabdingbar.

Zu den neuesten Resultaten der Psychotherapieforschung gehört die Erkenntnis, dass Psychotherapie einerseits und die Behandlung mit Psychopharmaka andererseits zu ähnlichen Veränderungen im Gehirn führen. Mit bildgebenden Verfahren (sog. Petscan-Untersuchungen) konnten bei Zwangskranken vergleichbare Veränderungen des Glukose-Stoffwechsels sowohl durch eine kognitive Verhaltenstherapie als auch durch eine Therapie mit Fluoxetin, einem Antidepressivum, nachgewiesen werden [82] (siehe auch Kapitel 19 „Wie wirken Antidepressiva?").

In zahlreichen Studien ist weltweit belegt worden, dass Psychotherapien wirksam sind. Die Methode der Therapie spielt dabei weniger eine Rolle als die Person des Therapeuten, der kompetent, menschlich-einfühlend und integer sein muss. Je nach Dauer der Behandlung lassen sich bei der Psychotherapie verschiedene Ziele erreichen, sehr oft wird eine Verbesserung der Symptomatik erreicht, bei der Depression zumeist eine Heilung, oft in Verbindung mit Psychopharmaka. Das psychotherapeutische Gespräch von ausgebildeten Fachpersonen ist eine grundlegende Behandlungsmethode und sicher kein Luxus bei psychischen Krankheiten.

Neben diesen allgemeingültigen Grundsätzen kommen in den letzten Jahren vor allem zwei Arten einer Psychotherapie zur Anwendung, die bei Depressionen gut wirksam sind: Die kognitive Psychotherapie (Verhaltenstherapie) [19] und die interpersonelle Psychotherapie [92 + 138].

Zu I: Kognitiv bedeutet in diesem Zusammenhang zunächst einmal, dass Vorgänge, die sich bei einem Depressiven abspielen, konkret wahrgenommen werden müssen. Dies ist die Voraussetzung dazu, um unangenehme und belastende Vorgänge therapeutisch anzugehen und zu verbessern [30, S. 129]. Der Depressive sollte dazu geführt werden, wieder selbst aktiv zu werden und sich selbst positive Erlebnisse zu verschaffen. Mit anderen Worten besteht bei Depressiven ein selbstentwertendes Kognitionsmuster: Die betreffenden Kranken haben eine starke Neigung, ihre Handlungsweisen und ihr Tun als negativ zu bewerten und ihre Fähigkeiten generell als schlecht, minderwertig einzuschätzen [16, S. 175]. Diese Gedankengänge, die beinahe automatisch ablaufen und beim Depressiven sehr stark eingeschliffen sind, gehen einher mit einer pessimistischen Lebenseinschätzung. Häufig sind diese Patienten sehr ordnungsliebend und haben ein stark ausgeprägtes Über-Ich. Solche Depressive sind nicht nur hoffnungslos, sondern sie fühlen sich auch hilflos, besonders, wenn zuvor ein Lernprozess in Richtung eines Hilflosigkeitsverhaltens stattgefunden hat (*learned helplessness*) [16, S. 176].

Die kognitive Verhaltenstherapie hat also zum Ziel, dem Patienten Einblick zu vermitteln in die immer wiederkehrenden pessimistischen Einschätzungsmuster, die ihn selbst und seine Umwelt betreffen. Das Ziel ist, den Patienten zu einer optimistischeren Einsicht zu führen und ihn von seinen negativen Gedanken wegzubringen:

> „Es geht also darum, … den negativen Beurteilungen in des Patienten Informationsverarbeitung gegenzusteuern durch eine systematische Gegenüberstellung dieser ‚automatischen Gedanken' … mit der Realität." [16, S. 176]

Man kann den Patienten zum Beispiel Sätze schreiben lassen wie „Das Urteil der anderen ist gleichgültig" oder „Ich habe das Recht, so zu leben, wie ich es wünsche" [16, S. 176/177]. Sicher sind solche Leitsätze nicht für jeden Patienten geeignet, wohl aber für schwer depressive Menschen mit einem ausgeprägt starken und rigiden Über-Ich. Der Patient kann auch dazu aufgefordert werden, über seine Aktivitäten Buch zu führen, aber auch über seine Stimmung, die von ihm selbst immer wieder beeinflusst wird. Zu den gestörten Denkstilen und -mustern gehört auch ein Schwarz-Weiß-Denken wie beispielsweise „wenn ich die Kündigung erhalte, finde ich sicher nie mehr eine Arbeit" [30, S. 129]. Patienten können in dieser Therapie auch gelehrt und aufgefordert werden, eine Art Gedankenstopp durchzuführen, wenn unerwünschte pessimistische Gedanken aufzukommen drohen.

Zu 2: Die interpersonelle Psychotherapie ist eine Kurzpsychotherapieform, die vor etwa 40 Jahren aus analytischen Therapieansätzen entwickelt wurde. Es geht in der Therapie um eine Aufarbeitung von Zusammenhängen mit früher durchgemachten Erfahrungen zwischenmenschlicher Art [30, S. 131]. Die Depression wird also als Versuch betrachtet, sich an eine Umgebung anzupassen bzw. als Versuch, sie zu bewältigen. In der Behandlung widmet man sich vor allem vier Problemkreisen im Zusammenhang mit der Depression: Der Trauer, den Rollenkonflikten, dem Rollenwechsel und dem interpersonellen Defizit. Es werden die gegenwärtigen Probleme und Symptome des Patienten therapeutisch angegangen und zu bewältigen versucht [16, S. 180/181]. Die Depression wird also als misslungener Versuch gewertet, sich im Bereich von Beziehungen den veränderten Bedingungen anzupassen und mit diesen im Zusammenhang stehenden Spannungen richtig umzugehen [30, S. 131]. In der Therapie soll der Patient dazu gebracht werden, die Zusammenhänge kennen zu lernen, die zwischen seiner Depression und seinen Beziehungsproblemen bestehen.

Stillschweigend wurde bis jetzt immer vorausgesetzt, dass sich Psychotherapie in der Zweierbeziehung Therapeut/Patient abspielt. Dies ist insofern nicht ganz korrekt, als bei Depressiven auch Gruppentherapien durchgeführt werden können. Depressive können in gemischte Gruppen integriert oder sie können in speziellen Gruppen, die ausschließlich Depressiven vorbehalten sind, aufgenommen werden. Battegay, ein Pionier auf dem Gebiet der Gruppenpsychotherapie, schreibt:

> „Depressive sind bis zu einem gewissen Grad entleert im Bereich ihres Narzissmus und bemühen sich, ihr schwaches bzw. ihr geschwächtes Selbst durch andere zu verstärken, mit anderen Worten, sie erweitern ihr Selbst durch die anderen, und in jedem Mitglied entsteht das, was ich andernorts als ein ‚narzisstisches Gruppenselbst' bezeichnet habe. Dieser Prozess geht in jedem Mitglied vor sich und führt bei allen zu einem ‚Wir-Gefühl' und dadurch zu einer Gruppenkohäsion. Da die Depressiven mehr als andere Individuen in ihrer Phantasie eine Fusion mit Objekten eingehen – um ihr schwaches Selbst zu verstärken– kommt es in einer solchen Gruppe nach und nach zu einer stärkeren Kohäsion als in anderen Therapiegruppen" [16, S. 184].

Allerdings muss erwähnt werden, dass das Angebot an therapeutischen Gruppen für Depressive, zumindest in der Schweiz, noch bescheiden ist, das heißt, es ist meist schwierig, einen Depressiven in einer passenden Gruppe platzieren zu können. In jedem Fall sollten aber Depressive zunächst individuell in einer Einzeltherapie behandelt werden: psychotherapeutisch und mit Antidepressiva. Besteht eine tragfähige Beziehung zum Therapeuten, kann die individuelle Behandlung mit einer Gruppentherapie kombiniert werden, wobei idealerweise derselbe Therapeut auch die Gruppe leiten sollte [16, S. 187].

Zur Psychotherapie mit Depressiven gehört auch das Bearbeiten von Träumen. Diese geben oft Aufschluss über Beziehungsprobleme und über Suizidimpulse der Betroffenen. Typisch für depressiv-suizidale Menschen sind zum Beispiel Katastrophenträume oder Träume, die den Tod oder das eigene Ableben zum Inhalt haben.

Eine depressive 59-jährige Frau, die jahrelange Psychotherapie hinter sich hatte und auch Psychopharmaka einnehmen musste und verschiedene Male aus psychiatrischen Gründen hospitalisiert gewesen war, ist als Einzelkind in Heimen aufgewachsen. Von ihrer Mutter wurde sie nie liebevoll behandelt, den Vater hatte sie nie kennen gelernt, da sein Name von ihrer Mutter nie preisgegeben worden war. Nach ihrer Verheiratung mit einem drei Jahre älteren Handwerker führte die Patientin während Jahren ein stabiles Familienleben und vermochte ihren drei Kindern Geborgenheit und Zuwendung zu vermitteln. Als die Kinder erwachsen wurden und das elterliche Haus verlassen hatten, erkrankte sie an Brustkrebs. Sie wurde zunehmend depressiv, und es folgte eine über Jahre dauernde Therapie, die von verschiedenen Psychotherapeuten und in verschiedenen Institutionen durchgeführt wurde. Hinsichtlich einer Besserung des depressiven Befindens ist der Erfolg als nur zeitweise und partiell einzustufen, in Bezug auf ihre Suizidalität konnte die Patientin aber erfolgreich gestützt werden. Obschon mehrmals akut suizidal, hat sie zwar in früheren Jahren insgesamt dreimal einen Suizidversuch unternommen, habe aber im Übrigen – laut eigenen Angaben – „nur dank Therapie" bis heute „überlebt". Während einer therapeutischen Sitzung erzählte sie folgenden Traum: Die Patientin besuchte ihren Mann, der wegen einer bevorstehenden Operation im Krankenhaus weilte. Sie brachte ihm eine größere Menge von Schlaftabletten, die sie zuvor mit dem Mörser zerstampft hatte. Sie übergab sie ihm mit den Worten: „Nimm dies, das ist gut für Dich." Ohne nachzufragen habe der Ehemann das Pulver eingenommen. Darauf verließ sie ihren Mann – sie war fest überzeugt, dass er sterben werde –, begab sich nach Hause und schluckte ebenfalls eine größere Anzahl Schlaftabletten, um zu sterben. Dann erwachte sie und verspürte Schuldgefühle wegen des Traums.

Während die Patientin den Inhalt des Traumes zunächst nur in der Richtung zu interpretieren vermochte, dass sie den Tod des Mannes herbei wünsche, wurde auch eine andere Deutung angeregt, dass nämlich ihr Ehemann sie daran hindere, Suizid zu begehen. Solange der Ehemann lebe, getraue sie sich nicht, sich umzubringen, um in ihm keine Schuldgefühle zu erzeugen. Wahrscheinlich projiziert die Patientin ihre eigenen Schuldgefühle auf ihren Mann, zu dem sie eine ambivalente Einstellung hegt. Einerseits ist sie froh, dass er sie nicht verlassen hat wegen ihrer Depressivität, andererseits hegt sie auch aggressive Gefühle gegen ihn, da er sein eigenes Leben lebt und damit offensichtlich besser zurechtkommt als sie. In der Diskussion über den Traum wurde auch deutlich, dass sie befürchtete, ihr Ehemann würde nach einer Operation, die real bevorstand, depressiv werden, weil er dann nicht mehr so gut seine Probleme verdrängen könne wie bis dahin. Auch damit zeigte sie, dass sie ihre eigene Problematik auf den Mann projizierte, da sie ihr eigenes Leben so interpretierte, dass sie selbst, als die Kinder noch klein und zu Hause waren, hervorragend die sie belastenden Fragen verdrängen konnte und es ihr deshalb gut ging, während ihr das in späteren Jahren nicht mehr gelungen und sie deshalb depressiv geworden sei. Natürlich ist die Interpretation dieses Traumes hypothetisch, aber vieles spricht dafür [52, S. 90–92].

Monate später träumte die gleiche Patientin, sie habe sich mit einer bestimmten Krawatte ihres Mannes auf der Terrasse ihrer Wohnung erhängt. Die Patientin entsetzte sich über diesen Traum derart, dass sie einige Tage danach diese Krawatte ihres Ehemannes an sich nahm und sie mit einer Schere in viele kleine Teile zerschnitt. Dieser zweite Traum unterstreicht das zuvor Erwähnte in Bezug auf die ambivalente Beziehung zu ihrem Mann.

Während einer Psychotherapie kommt nicht nur der Therapieform, die vom Therapeuten angewendet wird, Bedeutung zu, sondern auch der Haltung des Therapeuten selbst, der dem Patienten gegenüber Offenheit, Solidarität, Empathie und Engagement zeigt, ohne die notwendige Distanz zu verlieren. Auch die Stimmung von schwer Depressiven kann während des therapeutischen Gesprächs – wenn auch nur kurzfristig – aufhellen, und die Depressiven vermögen manchmal ihre narzisstische Leere aufzufüllen. Die Wirksamkeit von Psychotherapien ist in zahlreichen Studien bewiesen worden. Zu den Psychotherapien, die bei Depressiven besonders gut wirksam sind, gehören die kognitive Verhaltenstherapie und die interpersonelle Psychotherapie. Auch auf die Bedeutung der Gruppenpsychotherapien für Depressive sowie auf die Bearbeitung von Träumen wird kurz eingegangen.

18 Psychopharmakotherapie

Rationale Arzneimitteltherapie:
So wenig als möglich, aber so viel wie nötig.

Die positive Wirkung der diversen Psychopharmaka, der Antidepressiva, der Neuroleptika (antipsychotisch wirkende Medikamente) und der Tranquilizer (beruhigend wirkende Medikamente) ist längst nachgewiesen und nicht mehr weg zu diskutieren. Die Ära der modernen Psychopharmaka ist etwa ein halbes Jahrhundert alt und begann 1952 mit der Einführung des Largactils (Chlorpromazin), 1956 mit Tofranil (Imipramin) und 1960 mit der Einführung von Valium (Diazepam). Seit dieser Zeit wurden laufend neue Präparate entwickelt, die zum Teil bessere Wirkungen erzielen und weniger Nebenwirkungen aufweisen. Letztere sind zwar nicht zu bestreiten, doch sind Nebenwirkungen bei allen Medikamenten, auch in der somatischen Medizin, beschrieben, ja, sogar bei Placebo-Präparaten [55, S. 26].

Bei mittelschweren und schweren Depressionen sollte parallel zur Psychotherapie eine medikamentöse Behandlung erfolgen. Dieser Grundsatz gilt deshalb, weil Medikamente schneller wirksam sind als eine psychotherapeutische Betreuung allein. Dieser Zeitfaktor ist aus zwei Gründen wichtig: Erstens, weil der Patient unter einem enormen Leidensdruck steht (vergleichbar mit einem schweren Schmerzzustand), aus welchem er so bald als möglich befreit werden möchte, und zweitens wegen der Suizidgefahr, von der grundsätzlich bei schwereren Depressionen ausgegangen werden muss und auf die der Depressive auch angesprochen werden sollte.

Damit der Patient die Medikamente regelmäßig einnimmt (damit also die Compliance verbessert werden kann), sollte er über das Wesen der Psychopharmakotherapie orientiert werden. Von den vielen zur Verfügung stehenden Antidepressiva wird eines ausgewählt, von dem nicht mit Sicherheit vorausgesagt werden kann, wie es beim betreffenden Individuum wirkt. Während der eine auf ein bestimmtes Präparat gut und rasch reagiert, im Idealfall sogar ohne Nebenwirkungen, kann der andere auf dasselbe Präparat nicht oder nur mit deutlichen Nebenwirkungen reagieren, sodass das Präparat abgesetzt werden muss. Ein zweiter Versuch wird dann mit einem neuen Medikament, zum Beispiel mit einem etwas anderen Wirkungsmechanismus, begonnen. Der Patient sollte darüber informiert werden, dass ein Antidepressivum grundsätzlich über längere Zeit regelmäßig eingenommen werden muss, dass mögliche Nebenwirkungen besonders in den ersten Tagen zu erwarten sind, dass sich die eigentliche antidepressive Wirkung aber erst nach ca. ein bis zwei Wochen einstellt und dass Antidepressiva nicht abhängig machen. Bei agitierten Depressionen kann das Antidepressivum kombiniert werden mit einem Neuroleptikum und/oder einem Tranquilizer (meist einem Benzodiazepin-Präparat). Letztere können zwar bei längerer Einnahme abhängig machen, sind aber sehr beliebt, weil sie sich rasch positiv auswirken, in der Regel einen guten Effekt auf Ängste und Nervosität haben und kaum Nebenwirkungen aufweisen. Zudem wirken einige der Benzodiazepine so sedierend, dass sie auch gegen die meist vorhandenen Schlafstörungen eingesetzt werden können.

Zu den Nebenwirkungen der älteren Antidepressiva (sog. trizyklische und tetrazyklische) gehören Mundtrockenheit, Verstopfung, Blutdrucksenkung, leichtes Zittern, Schwitzen, Gewichtszunahme und sexuelle Funktionsstörungen sowie bei den trizyklischen in höherer Dosierung Herzrhythmusstörungen, besonders bei Menschen mit vorgeschädigtem Herz. Zu den häufigsten Nebenwirkungen der neueren Antidepressiva (sog. Serotonin-Wiederaufnahme-Hemmer, SSRI) gehören Übelkeit, Durchfall, Unruhe, Schlafstörungen, Zittern und wiederum sexuelle Funktionsstörungen. Einzelne dieser abschreckend wirkenden Nebenwirkungen können zwar auftreten, meist vorübergehend, sie müssen aber nicht.

Tabelle I Wirkstoffe und Präparatenamen im deutschsprachigen Raum Aus: Dinner P. (2005). Depression – 100 Fragen 100 Antworten. Hans Huber Verlag Bern.

Wirkstoff	Präparatenamen in Deutschland	Österreich	Schweiz
Amitriptylin	Amineurin, Amioxid, Equilibrin, Novoprotect, Saroten, Syneudon	Saroten, Tryptizol	Saroten, Tryptizol
Buspiron	Anxut, Bespar, Busp	Buspar	Buspar
Bupropion	Zyban	Zyban	Zyban
Carbamazepin	Carba, Carbabeta, Carbadura, Carbaflux, Carbagamma, Carbamazepin, Carbium, espalepsin, Finlepsin, Fokalepsin, Sirtal, Tegretal, Timonil	Carbamazepin, Deleptin, Neurotop, Sirtal, Tegretol	Neurotop, Tegretol, Timonil
Citalopram	Cipramil, Citadura, CitaLich, Citalon, Citalopram, Citalo-Q, Serital	Apertia, Cipram, CitalHexal, Citalopram, Citalostad, Citarcana, Citor, Eostar, Pram, Sepram, Seropram	Alutan, Citalopram, Claropram, Rudopram, Seropram
Clomipramin	Anafranil, Clomipramin	Anafranil	Anafranil
Desipramin	Petylyl	Pertofran	–
Dibenzepin	Noveril	Noveril	Noveril
Doxepin	Aponal, Doneurin, Doxepia, Doxepin, Espadox, Mareen, Sinquan	Doxepin, Sinequan	Sinquan
Duloxetin	Yentreve	Cymbalta	Cymbalta
Escitalopram	Cipralex	Cipralex, Entact	Cipralex
Fluoxetin	Fluctin, Fluneurin, Fluox, Fluoxe, Fluoxetin, Fluxet	Felicium, Floccin, Fluctine, Fluoxenorm, Fluoxetin, Fluoxetine, Fluoxibene, Flux, Fluxil, FluxoMed, Mutan, Positivum	Fluctine, Fluocim, fluox-basan, Fluoxetin, Fluoxifar, Flusol

Wirkstoff	Präparatenamen in Deutschland	Österreich	Schweiz
Fluvoxamin	Fevarin, FluvoHexal, Fluvoxadura, Fluvoxamin	Felixsan, Floxyfral, Fluvoxamin, Fluvoxaminmaleat	Flox-ex, Floxyfral
Imipramin	Imipramin, Pryleugan, Tofranil	Tofranil	Tofranil
Johanniskraut	Über 40 Präparate, z. B. Jarsin	Über ein Dutzend Präparate, z. B. Psychotonin	Über 10 Präparate, z. B. Solevita
Lamotrigin	Elmendos, Lamictal	Bipolam, Lamictal, Lamotrigin, Lamotriglax	Lamictal
Lithium	Hypnorex, Leukominerase, Li 450, Lithium Quilonum	Neurolepsin, Quilonorm	Litarex, Lithiofor Neurolithium, Oligosol Li, Priadel, Quilonorm
Maprotilin	Deprilect, Ludiomil, Maprolu, Maprotilin	Ludiomil, Maprotilin	Ludiomil
Melitracen	–	Dixeran	–
Melitracen und Flupentixol	–	Deanxit	Deanxit
Mianserin	Mianeurin, Mianserin, Prisma, Tolvin	Mianserin, Tolvon	Mianserin, Tolvon
Midazolam	Dormicum	Dormicum, Midazolam	Dormicum
Mirtazapin	Mirta, MirtaLich, Mirtazapin, Remergil	Mirtabene, Mirtaron, Remeron	Remeron
Moclobemid	Aurorix, Moclobemid, Moclobeta, Moclodura, Moclonorm, Rimoc	Aurobemid, Aurorix, Moclobemid	Aurorix, Moclo A
Nortriptylin	Nortrilen	Nortrilen	Nortrilen
Opipramol	Insidon, Opipramol	Insidon	Insidon
Oxarbazepin	Timox, Trileptal	Trileptal	Trileptal
Paroxetin	Euplix, Parolich, Paroxat, Paroxedura, Paroxetin, Seroxat, Tagonis	Allenopar, Glaxopar, Paluxetil, Parocetan, Paroxat, Paroxetin, Seroxat	Deroxat, Parexat, Paroxetin

Wirkstoff	Präparatenamen in Deutschland	Österreich	Schweiz
Sertralin	Gladem, Zoloft	Gladem, Trasleen	Gladem, Zoloft
Sildenafil	Viagra	Patrex, Viagra	Viagra
Tadalafil	Cialis	Cialis	Cialis
Tranylcypromin	Jatrosom	–	–
Trazodon	Thombran, Trazodon	Trittico	Trittico
Triazolam	Halcion	Halcion	Halcion
Trimipramin	Herphonal, Stangyl, Trimidura, Trimineurin, Trimipramin	–	Surmontil, Trimin
Valproinsäure	Convulex, Convulsofin, Ergenyl, Espa-valept, Lepitan, Orfiril, Valpro, Valproat, Valprodura, Valproflux, Valproinsäure, Valprolept	Convulex, Depakine	Convulex, Depakine, Orfiril
Vardenafil	Levitra	Levitra, Vivanza	Levitra
Venlafaxin	Trevilor	Efectin	Efexor
Zaleplon	Sonata	Sonata, Zerene	Sonata
Zolpidem	Bikalm, Stilnox, zodormdura, Zoldem, Zolpi, Zolpidem, Zolpinox	Ivadal, Mondeal, Zoldem, Zolpidem	Stilnox
Zopiclon	espa-dorm, Optidorm, Somnosan, Ximovan, Zodurat, Zop, Zopi-Puren, Zopicalm, Zoplicodura, Zopiclon	Sedolox, Somnal	Imovane

Ziel einer Behandlung mit einem Antidepressivum ist nicht, dem Patienten irgendein Glücksgefühl zu vermitteln oder seine Persönlichkeit zu verändern, sondern die Behandlung führt optimalerweise dazu, dass der Betroffene aus seinem Tief, aus seinem „Loch", aus seiner qualvollen Krankheit herausfindet und wieder zu dem Menschen wird, der er vor seiner Krankheit war: Ein Mensch, der wieder ein normales Leben führen kann, das heißt etwas verkürzt und salopp ausgedrückt: wieder arbeits- und genussfähig wird. Dieser Zustand wird also nicht mit einer „chemischen Keule“ erreicht, sondern die SSRI zum Beispiel wirken auf die körpereigene Substanz Serotonin, die dem Gehirn in größerem Ausmaß wieder zur Verfügung gestellt wird (siehe Kapitel 19 „Wie wirken Antidepressiva?“).

Ist nach zwei bis drei Wochen Einnahme eines Antidepressivums in durchschnittlicher Dosierung noch gar keine Besserung zu verzeichnen, sollte das Medikament gewechselt werden. Falls nach dieser Zeit bereits eine Aufhellung der Depression stattgefunden hat, kann die Dosis weiter erhöht werden. Spricht der Patient auf das Medikament gut an, sollte es längere Zeit eingenommen werden (Erhaltungstherapie), mindestens sechs Monate nach Aufhellen der Depression, damit es nicht zu einem Rückfall kommt [20, S. 213/14]. Mehr als die Hälfte aller Menschen, die einmal eine Depression durchgemacht haben, erleiden weitere depressive Episoden. Deshalb kommt der Prophylaxe große Bedeutung zu: In diesen Fällen ist eine Langzeitbehandlung nötig, das heißt, dass die Patienten über längere Zeit (während Jahren) eine Erhaltungsdosis eines Antidepressivums einnehmen sollten, um möglichst Rückfälle zu vermeiden.

Bei der medikamentösen Depressionsbehandlung sind auch die sogenannten Stimmungsstabilisatoren (*mood stabilizer*) zu erwähnen, zu welchen die bereits erwähnten Lithiumsalze gehören und das Lamotrigin. Letzteres ist eigentlich ein Antiepileptikum, das auch in der Depressionsbehandlung gute Wirkung zeigt, indem es nachweislich bei längerer Einnahme depressive und manische Phasen verhindern hilft. Es hat also eine gewisse prophylaktische Wirkung. Allerdings muss es sehr langsam aufdosiert werden, da sonst Erkrankungen, die sich unter anderem auf der Haut auswirken, auftreten können. Auch andere Medikamente, die ursprünglich gegen Epilepsie eingesetzt wurden, finden bei bipolaren Depressionen Anwendung, zum Beispiel Carbamazepin und Valproat.

Die in der Psychiatrie fest verankerte Behandlung mit Lithium-Salzen bedarf eines kurzen historischen Kommentars: Schon im 19. Jahrhundert wurde Lithium für medizinische Zwecke verwendet, zum Beispiel für die Behandlung von Gicht. Die modernen Arbeiten, welche die antimanischen Eigenschaften von Lithium belegen, basieren auf den Publikationen von Cade in den Jahren 1948 und 1949. Cade war Psychiater in Australien. Wenig bekannt ist die Tatsache, dass schon etwa 50 Jahre zuvor Lithium-Salze als Prophylaxe für periodische Depressionen benutzt wurden. Schon Ende des 19. Jahrhunderts haben sich Autoren für die Behandlung von Depressionen mit Lithium-Salzen eingesetzt, doch konnten sie sich nicht durchsetzen. So beispielsweise der dänische Arzt Karl Lange, der 1886 eine Monographie publizierte, in der er darlegte, dass periodische Depressionen häufig vom praktizierenden Arzt gesehen würden, sie aber oft von Psychiatern unbemerkt blieben! Er empfahl die Verabreichung von Lithium-Salzen als prophylaktische Behandlungsmaßnahme gegen Depressionen. Dass er sich nicht durchsetzen konnte, hängt unter anderem damit zusammen, dass seine Publikationen auf Dänisch erschienen sind. Eine Übersetzung ins Deutsche erfolgte erst später, doch wurden seine Aussagen in der psychiatrischen Literatur weitgehend ignoriert.

Cade berichtete also über die Behandlung von manischen Patienten und stellte den antimanischen Effekt der Lithium-Salze fest. Trotz dieser Erkenntnisse setzte sich die therapeutische Anwendung von Lithium bei Manien nur langsam durch, da um die Mitte des 20. Jahrhunderts Lithium als gefährliche und giftige Substanz galt. Aufgrund der Arbeiten von Schou in den 50er-Jahren begann sich dann aber die Lithiumtherapie bei Manien langsam aber stetig durchzusetzen, später auch bei Depressiven, die keine manischen Phasen aufweisen im Sinne der modernen Stimmungsstabilisatoren (*mood stabilizers*) [49].

Lithium-Salze werden als Tabletten eingenommen und bedürfen einer regelmäßigen Kontrolle, indem etwa alle drei bis vier Monate Blut entnommen wird, um die Konzentration von Lithium im Blut zu bestimmen. Dies geschieht deshalb, weil die therapeutische Breite klein ist, das heißt, schon leichte Überdosierungen können zu Vergiftungserscheinungen führen, zum Beispiel zu Zittern, Muskelschwäche, unkoordinierten Bewegungen, Sehstörungen, Verwirrung und Magen-Darm-Symptomen. Deshalb ist die regelmäßige Einnahme von Lithium und eine genaue Kontrolle der Konzentration im Blut besonders wichtig. Zu beachten ist auch die Tatsache, dass Patienten mit einer Lithiumbehandlung einer großen Flüssigkeitsmenge bedürfen. Wenn sie zu wenig trinken, zum Beispiel weniger als 1,5 Liter pro 24 Stunden, kann es unter Umständen zu Nebenwirkungen oder Vergiftungserscheinungen kommen. Bei der Lithiumtherapie muss auch die Schilddrüsenfunktion im Auge behalten und kontrolliert werden, da Lithium eine Unterfunktion der Schilddrüse bewirken kann. Ebenso muss die Nierenfunktion kontrolliert werden.

Es ist in diesem Rahmen nicht möglich und nicht sinnvoll, auf alle im Handel befindlichen Medikamente, die zur Depressionsbehandlung eingesetzt werden, einzugehen, doch sei auf die Tabelle I (S. 139 ff) verwiesen, in welcher die meisten Antidepressiva, die heute verwendet werden, alphabetisch zusammengestellt sind.

Häufig sind Depressionen im höheren Lebensalter. Die schweren Depressionen nehmen zwar mit zunehmendem Alter eher ab, doch sind insgesamt depressive Störungen häufiger als bei jüngeren Menschen, unter anderem wegen organisch bedingten Depressionen, zum Beispiel Depressionen als Reaktion auf körperliche Krankheiten oder aufgrund von cerebrovasculären Ereignissen (Hirnkrankheiten) [98]. Bei älteren depressiven Menschen sollten vorwiegend neuere Antidepressiva verordnet werden, da sie bei allfälligen Herzkrankheiten kein Problem darstellen (keine Herzrhythmusstörungen bewirken). Insbesondere ist Vorsicht geboten bei Verabreichung von Benzodiazepinen (Tranquilizer), da durch die muskelrelaxierende Wirkung die Sturzgefahr vergrößert wird. Es hat sich gezeigt, dass mehr als die Hälfte aller Benzodiazepine über 60-jährigen Menschen verschrieben wird [98]. Die meisten Benzodiazepine wirken sedierend und können – besonders bei Betagten – die kognitiven Funktionen beeinträchtigen.

Besonders zu erwähnen sind die sogenannten therapieresistenten Depressionen. Als therapieresistent wird eine Depression bezeichnet, wenn der Patient auf mindestens zwei verschiedene Antidepressiva, von denen jedes während zwei bis drei Wochen in ausreichender Dosierung gegeben wird, nicht anspricht. Der Anteil der therapieresistenten Depressionen liegt etwa bei 15 bis 20 % [16, S. 202/203]. Warum eine Therapieresistenz vorliegt, muss im Einzelfall geklärt werden: Es kann zum Beispiel an Resorptionsstörungen liegen, an fehlender Compliance (zum Beispiel wenn der Patient das Medikament nicht regelmäßig, wie vorgeschrieben, einnimmt) oder an einer Schilddrüsenunterfunktion, an welche bei jeder Depression gedacht werden sollte, da schon leichte Unterfunktionen gut ansprechen auf die Substitution mit dem Schilddrüsenhormon Thyroxin. Dieses kann auch mit einem Antidepressivum kombiniert werden. Eine therapieresistente Depression liegt nicht selten vor, wenn diese nicht die einzige psychische Erkrankung des Patienten ist, wenn also zusätzlich eine andere Krankheit wie zum Beispiel eine Angststörung oder eine Zwangskrankheit hinzukommt (sog. Komorbidität). Wenn die Ursache der Therapieresistenz unklar bleibt, kann eine Blutuntersuchung (Serumkonzentrationsbestimmung) vorgenommen werden.

Eine heute wenig gebräuchliche, aber dennoch effiziente Methode gegen therapieresistente Depressionen ist eine intravenöse Infusionsbehandlung mit Antidepressiva. Viele Patienten berichten über einen rascheren Wirkungseintritt und über geringere Nebenwirkungen als bei der Einnahme von Tabletten. Dass bei Infusionsbehandlungen, die meist stationär erfolgen, nicht nur pharmakologische Gründe für die rasche Besserung verantwortlich sind, liegt auf der Hand: Es sind auch psychologische, indem an den Patienten keine Anforderungen gestellt werden und er Zuwendung erfährt. Eine eigene Untersuchung ergab Folgendes: In den Jahren 1986 bis 1991 wurden in einer Basler Privatklinik 100 Patienten (77 Frauen und 23 Männer) wegen Depressionen mit Infusionen behandelt. In den meisten Fällen wurden Maprotilin und Clomipramin (Ludiomil und Anafranil) verabreicht per Infusion. Die durchschnittliche Aufenthaltsdauer betrug drei bis vier Wochen. Unmittelbar nach der Klinikentlassung schätzten 72,5 % der Frauen ihr Befinden mit gesund bzw. deutlich gebessert ein. 23 % bezeichneten ihren Zustand nur als leicht gebessert. Bei 39 % hielt die Besserung ihres Befindens länger als ein Jahr an [51]. (Wegen der zu geringen Anzahl wurde bei den Männern keine statistische Auswertung erhoben). Diese Ergebnisse sind mit denen von Kielholz vergleichbar [73], der mit Infusionsbehandlungen von 250 therapieresistenten Depressionen folgende Resultate berichtete: 62 % zeigten eine Remission, 25 % eine wesentliche Besserung und 10 % wiesen nur eine leichte Besserung und 3 % keine Wirkung auf.

Eine 48-jährige Frau, die aus einem Broken-Home-Milieu stammte, heiratete mit 24 Jahren einen in der Baubranche tätigen Mann. Auf beiderseitigen Wunsch blieb die Ehe kinderlos. Die Patientin neigte dazu, sich zu isolieren und abzukapseln und war kontaktscheu. Bald wurde sie alkoholabhängig, und mit 36 Jahren erlitt sie einen epileptischen Anfall. In den folgenden Jahren bahnte sich eine depressive Entwicklung an. Infolge einer Nierenerkrankung (chronische Glomerulonephritis) musste die Patientin dialysiert werden (Blutwäsche: dreimal pro Woche). Sowohl sie als auch ihr Ehemann sprachen sich deutlich für eine Dauerdialyse aus. Die Patientin konnte versprechen, fortan auf den Alkohol zu verzichten. Zuvor hatte ihre Alkoholerkrankung mehrere psychiatrische Hospitalisationen erforderlich gemacht. In der Folge gelang es ihr sehr gut, auf ihren Alkoholkonsum zu verzichten, doch litt sie nicht selten an depressiven Verstimmungen, obschon sie sich zwischendurch besserer Zeiten erfreuen konnte und sich um ihren Haushalt und ihre kranke Mutter kümmerte. Nach drei Jahren Dialyse wurde sie zunehmend depressiv, und eines Tages teilte sie uns mit, in Zukunft werde sie die Dialysebehandlung verweigern. Über die Bedeutung ihres Entschlusses war sie sich völlig im Klaren. Dieser „passive" Suizidwunsch kommt dem eines Diabetikers gleich, der auf sein Insulin verzichtet. Ich ging auf den Wunsch der Patientin ein, machte ihr aber folgenden Vorschlag: Da ihr Entscheid durch das depressive Erleben getrübt sei, werde sie in den folgenden 10 bis 14 Tagen stationär mit Infusionen behandelt (Antidepressiva). Wenn sie nach Ablauf dieser Zeit ihre Meinung nicht geändert haben werde, werde ihr Entscheid gebilligt und sofort auf weitere Dialysen verzichtet werden. Sie akzeptierte den Vorschlag und schon nach etwa vier bis fünf Tagen äußerte sie spontan, dass sie sich nicht nur besser fühle, sondern ihr Leben wieder in einem völlig anderen Licht erscheine und dass sie weiter dialysiert werden möchte. Die von ihrer Depression geheilte Patientin lebte noch etwa ein halbes Jahr ohne Depressionen, verstarb dann aber plötzlich an einer somatischen Komplikation [50, S. 94].

Dass eine Depressionsbehandlung in einer psychiatrischen Klinik oft nicht zu umgehen ist, steht fest; dass sie trotzdem nicht immer der Weisheit letzter Schluss ist, konnte Modestin [97] eindrücklich anhand von 61 Kliniksuiziden nachweisen, indem er aufzeigte, dass die vor ihrer Selbsttötung depressiv Gewesenen in einem großen Prozentsatz eine ungenügende antidepressive Therapie erhalten haben. Kaum die Hälfte von ihnen erhielt Antidepressiva und nur eine kleine Minderheit erhielt eine optimale antidepressive (d. h. in ausreichender Dosierung) Therapie. Diese Arbeit ist insofern besonders erwähnenswert, als sie in Verbindung mit Suizidalen therapeutische Kunstfehler – zumindest im psychopharmakologischen Bereich – mit erstaunlicher Offenheit darlegt. Da diese Untersuchung mehr als 20 Jahre zurückliegt, ist zu hoffen und davon auszugehen, dass heute in psychiatrischen Kliniken besser behandelt wird. Gleichzeitig wird mit dieser Arbeit auch das Janusgesicht der klinischen Psychiatrie offenbar: Einerseits wird der Patient nicht mehr so bevormundet wie früher, er erhält meist auch nach kurzer Zeit Ausgang, kann sich in einer offenen Abteilung frei bewegen und die Gesamthospitalisationszeit wurde wesentlich verkürzt. Kurz: Der Patient ist mündig geworden und genießt auch in einer psychiatrischen Klinik mehr Freiheiten als noch um die Mitte des letzten Jahrhunderts, doch scheint diese Freiheit auch einen gewissen Preis zu haben.

Mit einem schwer depressiven Patienten sollte dann über eine Einweisung in eine psychiatrische Klinik ernsthaft diskutiert werden, wenn mindestens einer der folgenden Risikofaktoren vorhanden ist:

1. wenn der Patient allein lebt und/oder keine Angehörigen hat,
2. wenn er deutlich suizidal ist und entsprechende Äußerungen gemacht und Impulse verspürt hat,
3. wenn die Depression ängstlich-agitiertes Gepräge hat (starke Unruhe),
4. wenn ein Patient auf eine begonnene Behandlung nicht rasch angesprochen hat,
5. wenn eine wahnhafte Depression vorliegt, wenn also Wahnsymptome vorhanden sind.

Es liegt immer im persönlichen Ermessen des Arztes, wann er seinen Patienten in die Klinik einweist. Sicher kommt es schneller und eher zu einer Klinikeinweisung, wenn der Patient damit einverstanden ist, als wenn ein Depressiver gegen seinen Willen zwangseingewiesen werden muss. Der Entscheid einer Klinikeinweisung sollte stets mit ihm zusammen besprochen und diskutiert werden, auch sollte individuell entschieden und das Risiko vorsichtig abgewogen werden. Ein Nullrisiko existiert nicht: Auch in einer psychiatrischen Klinik kann sich ein Patient einmal etwas antun, auch wenn er in der Regel einen wesentlich besseren Schutz genießt und besser betreut wird als zu Hause. In vielen Städten besteht heute auch die Möglichkeit, Patienten in eine Kriseninterventionsstation einzuweisen. Eine solche befindet sich außerhalb der psychiatrischen Klinik und ist geeignet für eine kurze und intensive Therapie, die meist nur drei bis vier Tage dauert. Der Vorteil eines stationären Aufenthaltes besteht nicht nur in einer „Schutzfunktion", sondern auch darin, dass rasch und effizient mit einer medikamentösen Behandlung begonnen werden kann: In der Regel also mit einem Antidepressivum, eventuell zusätzlich einem Tranquilizer oder einem Neuroleptikum. Auch kann in einer Klinik zwischen den verschiedenen Applikationsformen gewählt werden. Auch wenn in der Regel die Einnahme von Tabletten bevorzugt wird, ist es doch möglich, intramuskulär Spritzen zu verabreichen oder eventuell eine Infusionsbehandlung durchzuführen. Andere Therapieformen, die in einer psychiatrischen Klinik durchgeführt werden können, sind zum Beispiel Lichttherapie, Schlafentzug, Psychotherapie, Entspannungsverfahren, Ergotherapie, Musiktherapie, soziales Kompetenztraining und Phytotherapie. Nachdem im nächsten Kapitel die Wirkung der Antidepressiva besprochen wird, folgt ein gesondertes Kapitel über andere Therapieformen.

Zumindest bei mittelschweren und bei schweren Depressionen sollte parallel zur Psychotherapie eine medikamentöse Behandlung erfolgen. Damit der Patient regelmäßig die Medikamente einnimmt, sollte er über Wirkung und Nebenwirkungen der geplanten Psychopharmakotherapie genau informiert werden. Diese werden in diesem Kapitel erörtert, ebenso wird erwähnt, dass zusätzlich zum Antidepressivum manchmal ein Tranquilizer (Benzodiazepin) verabreicht werden muss, wenn der Patient besonders unruhig-gespannt (agitiert) ist bzw. wenn er von Schlafstörungen gequält wird. Manchmal ist eine Einweisung in eine psychiatrische Klinik unumgänglich, wenn zusätzliche Risikofaktoren hinzukommen, zum Beispiel wenn jemand suizidgefährdet ist oder wenn eine therapieresistente Depression vorliegt.

19 Wie wirken Antidepressiva?

Wenig Menschen wissen, wie viel man wissen muss, um zu wissen, wie wenig man weiß.
(Lebensweisheit)

Noch vor wenigen Jahrzehnten hatte man keine Ahnung, wie Psychopharmaka wirken und warum sie einen Effekt erzeugen. Auch heute kann nicht behauptet werden, dass die beiden Fragen abschließend beantwortet sind, doch existieren Modelle und „Indizienbeweise", die zumindest eine Ahnung von dem vermitteln, was im Zentralnervensystem, im Gehirn, abläuft und was speziell nach Verabreichung von Psychopharmaka geschieht. In diesem Zusammenhang interessiert uns vor allem die Wirkung von Antidepressiva.

Zu den Gebieten, die in der biologischen Depressionsforschung von Bedeutung sind, gehören

1. die Neurohormone der Hypothalamus-Hypophysen-Nebennierenachse (auch Stressachse genannt) sowie
2. die Neurotransmittersysteme. Neurotransmitter sind Botenstoffe, die im Bereich der Synapsen (Verbindungsstelle von zwei Nervenzellen) für die Erregungsübertragung verantwortlich sind.

Bevor auf die Wirkung der Antidepressiva näher eingegangen wird, bedarf es aber einiger Vorbemerkungen, um das zu verstehen, was im Gehirn vor sich geht.

Allein von den Sinnesorganen führen etwa 2,5 Mio. Nervenfasern ins Gehirn. Jede dieser Fasern (Axone genannt) gibt bis zu 300 Impulse pro Sekunde ab. Die Reize, die auf das Neuron (Nervenzelle) treffen, werden als elektrischer Impuls weitergeleitet mit einer Leitungsgeschwindigkeit von 20 bis 60 Metern pro Sekunde. Auf diese Weise können die einzelnen Nervenzellen schnell miteinander kommunizieren. Mit Hilfe von Neurotransmittern wird der elektrische Impuls am Ende der Nervenfaser, des Axons, auf die nächste Nervenzelle übertragen. Die beiden Nervenzellen stehen aber nicht in direktem anatomischem Kontakt, sondern zwischen ihnen befindet sich der synaptische Spalt. An diesen Kontaktstellen befinden sich Rezeptoren (vergleichbar mit Schlüssellöchern) für die verschiedenen Botenstoffe (vergleichbar mit Schlüsseln). Letztere heften sich an die Rezeptoren, um die Information weiterzuleiten (Abb. 1–3).

Das Gehirn ist nicht ein festes unveränderliches System, sondern es befindet sich in einem ständigen Wandel, ist anpassungsfähig und

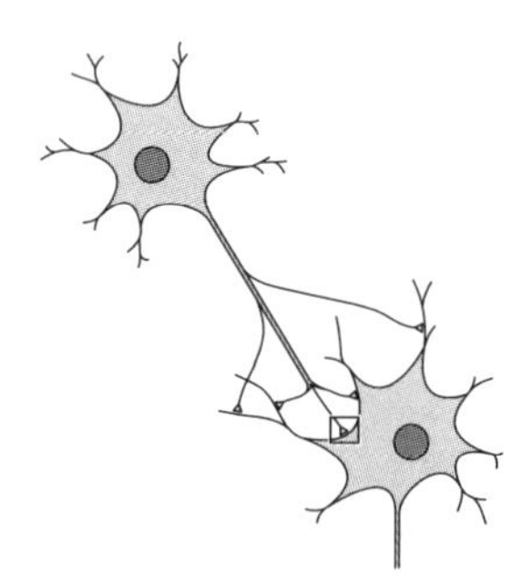

Abb. 1 Zwei Nervenzellen (nach Pierre Dinner [30]).

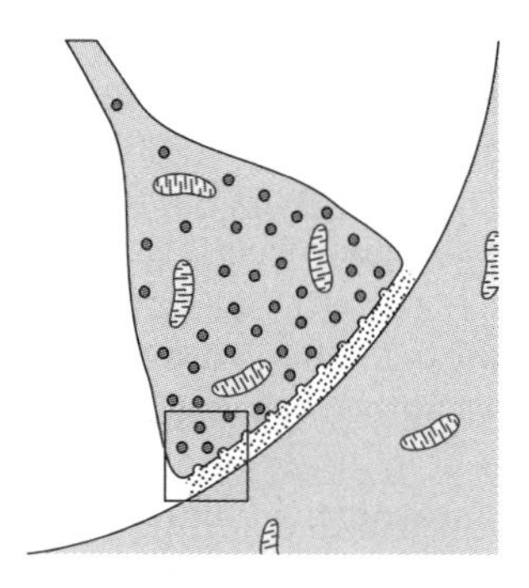

Abb. 2 Synaptischer Spalt (im Quadrat) (nach Pierre Dinner [30]).

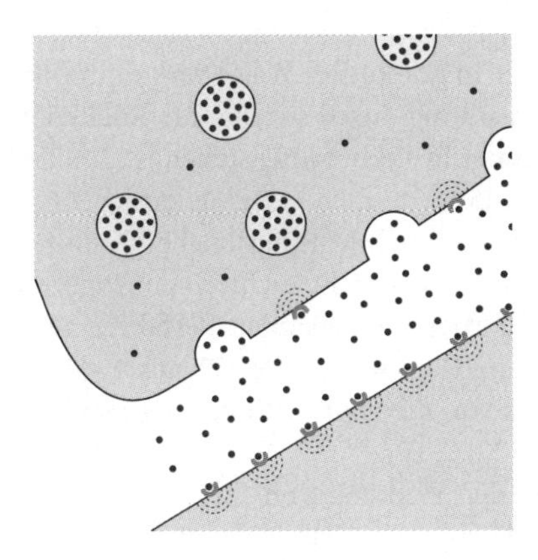

Abb. 3 Synaptischer Spalt (vorige Abbildung vergrößert). Die Speicherbläschen enthalten die Neurotransmitter, welche nach ihrer Entleerung in den synaptischen Spalt an Rezeptoren andocken, die sich an der vor- und an der nachgeschalteten Nervenzelle befinden (nach Pierre Dinner [30]).

kann auf äußere Umstände reagieren. Dieses Phänomen gilt auch für das Erwachsenenalter, wo ein Auf- und Abbau von Synapsen stattfindet. Solche, die viel gebraucht werden, verstärken sich, und andere, die nicht benutzt werden, gehen unter. Das Gehirn kann als Informationsverarbeitungssystem angesehen werden, das sich – je nach Anforderungen – selbst strukturiert [122, S. 13–17]. Diese Veränderungsmöglichkeit im Gehirn ist eine Grundvoraussetzung für die Wirksamkeit von Psychotherapie und Psychopharmakotherapie.

Für unsere Betrachtung spielen zwei Systeme im Gehirn eine wichtige Rolle: Teile des Stirnhirns (präfrontales System), welches für abstraktes Denken und Problemlösungen wichtig ist und das im psychoanalytischen Sinn etwa dem Über-Ich entspricht, und das limbische System (funktionelles System zwischen Hirnstamm und Neocortex), das für unsere Emotionen verantwortlich ist und psychoanalytisch dem Es entspricht. Im limbischen System werden zum Beispiel Affekte, Hunger, Durst und sexuelle Impulse reguliert. Die Amygdala, die zum limbischen System gehört, gilt beispielsweise als „Hauptschaltzentrale der Angstreaktionen". Manche Strukturen im Gehirn werden nach ihrer Form bezeichnet: Der Hippocampus ist zum Beispiel nach dem Seepferdchen benannt, da diese Hirnregion einem Seepferdchen ähnelt, und Amygdala bedeutet Mandelkern. Zwischen Hippocampus und Amygdala bestehen Verbindungen und Verknüpfungen, doch gilt dies grundsätzlich für alle Hirnstrukturen, die untereinander in komplexer Weise verknüpft oder vernetzt sind und in Wechselwirkung durch sogenannte Rückkoppelungsmechanismen miteinander in Verbindung stehen [122, S. 18/19]. Belastende Lebensumstände (Traumen verschiedenster Art) bewirken also Spuren, morphologische und funktionelle Veränderungen im Gehirn. Diese Aussage entspricht nicht einem theoretischen Modell, sondern die modernen bildgebenden Verfahren zeigen diese Hirnstruktur- und Funktionsänderungen in anschaulicher Weise, zum Beispiel als Folge von medikamentöser oder psychotherapeutischer Beeinflussung [122, S. 10].

Zu 1: Unter der Wirkung von Stress wird im Hypothalamus, einer zentralen Hirnregion, das Hormon CRF (Corticotropin-Releasing-Factor) produziert, das in der Hypophyse (Hirnanhangsdrüse) die Ausschüttung von ACTH (adrenocorticotropes Hormon) bewirkt. Letzteres setzt Cortisol aus der Nebennierenrinde frei. Dieses Stresshormon-System (auch Stressachse genannt) reguliert sich normalerweise selbst durch eine Art Rückkoppelungsmechanismus. Das System kann aber durch anhaltenden Stress, zum Beispiel durch belastende Umweltfaktoren, aus dem Gleichgewicht gebracht werden. Dadurch kann es zu einem erhöhten Cortisol-Spiegel im Blut und zum klinischen Bild einer Depression kommen. Bei dieser Art Depression wird zuviel CRF produziert und es kommt zu Schlafstörungen, Ängstlichkeit, Appetitverminderung und zu sexuellen Störungen [30, S. 34]. Der individuelle Cortisol-Spiegel (Konzentration im Blut) ist nicht nur Tagesschwankungen unterworfen, er ist im Durchschnitt bei negativ eingestellten Menschen höher als bei Optimisten. Einsame, traurige und erschöpfte Menschen sollen am Morgen einen höheren Cortisol-Spiegel haben als „normale".

Die Stressachse gerät außer Kontrolle, wenn die „hemmenden Cortisolrezeptoren" im Bereich von Hypothalamus und Hypophyse ausfallen. Durch die zu große Ausschüttung von Cortisol können sich depressive Symptome entwickeln [30, S. 139]. Die Behandlung mit Antidepressiva bewirkt gemäß dieser Theorie einen Ausgleich der Fehlfunktion der Cortisolrezeptoren und damit wird ein antidepressiver Prozess eingeleitet, der dazu führt, dass nach einiger Zeit die depressiven Symptome wieder verschwinden. Ferner bewirken Antidepressiva auch ein Zellwachstum im früher erwähnten Hippocampus, einer zentralen Hirnstruktur. Nach dieser Theorie kommt es also zu einer Art Beruhigung der Stressachse, wobei die wirklich ablaufenden Mechanismen wesentlich komplizierter als hier dargestellt sind. Nach etlichen Wochen kommt es zu einer eigentlichen Neubildung von Nervenzellen im Hippocampus, man könnte schlussfolgern, dass das Verschwinden der depressiven Symptome mit dem Nervenwachstum im Hippocampus einhergeht. Somit werden mit Antidepressiva nicht nur Symptome bekämpft, sondern man könnte aufgrund dieser Theorie durchaus behaupten, dass sie einen eigentlichen Heilungsprozess bewirken [30, S. 139 + 155]. Vieles vom hier Erwähnten – ich wiederhole es bewusst – ist in Wirklichkeit viel komplizierter, und manches ist nicht eindeutig bewiesen, sondern hypothetisch.

Der Begriff Stress wird in der Umgangssprache oft falsch verwendet und missverstanden. Es ist üblich geworden, bei kleinsten alltäglichen Belastungen oder wenn es bei der beruflichen Tätigkeit besonders hektisch zugeht, von „Stress" zu reden. Eine häufige Redewendung ist zum Beispiel „ich bin im Stress". Etwas vereinfacht ausgedrückt kann man davon ausgehen, dass es einen „guten" und einen „schlechten" Stress gibt: Der Begründer der Stressforschung, Hans Selye, der seine ersten Forschungsergebnisse schon in den 30er-Jahren des 20. Jahrhunderts veröffentlicht hat, unterscheidet zwischen dem anregenden Stress, dem Eustress („gut"), und dem gesundheitsschädlichen Stress, dem Disstress („schlecht"). Zu einem positiven Stress kommt es zum Beispiel bei sportlichen Tätigkeiten, beim Sich-Bewegen in der freien Natur, das heißt, es kommt zu einer in jeder Beziehung positiven Stimulation des Organismus von Körper und Seele [20, S. 34]. Die Qualität des Stresses hängt also damit zusammen, wie er vom betreffenden Menschen empfunden wird und wie lange er andauert. Bei lang anhaltendem Stress kann das Regulationssystem der Stressachse versagen, dekompensieren. Es kann dazu führen, dass die Cortisolrezeptoren im Hypothalamus und in der Hypophyse nicht mehr ausreichend auf das im Blut zirkulierende Cortisol reagieren und dass die Selbstregulierung außer Funktion gerät. Es kann dann zu einer gesteigerten Ausschüttung von CRF und ACTH kommen, welche eine übermäßige Bildung und Freisetzung von Cortisol bedingt. Durch die Dekompensation der Stressachse kann es zu Depressionen, Schlafstörungen, Ängstlichkeit, Appetithemmung und einer Dämpfung der Libido kommen [30, S. 35].

Beeinträchtigungen im psychischen Bereich gehen mit Funktionsstörungen der Neuronennetzwerke einher, besonders gilt dies für das limbische System. Diese Beeinträchtigungen können genetisch bedingt sein, sie können frühkindlich erworben oder durch später erlittene psychische Verletzungen entstanden sein. Als Folge davon werden die Neurotransmittersysteme in ihrer Funktion verändert. Mit den modernen bildgebenden Verfahren lässt sich zeigen, dass bei psychischen Krankheiten die Aktivität der entsprechenden Neuronen im limbischen System erhöht oder erniedrigt wird. So gesehen ist das Ziel jeder Therapie, sei es nun Pharmakotherapie oder Psychotherapie, die Fehlfunktionen dieser Neuronennetzwerke zu verbessern bzw. zu beheben. Es konnte nachgewiesen werden, dass sowohl durch eine entsprechende Psychotherapie wie auch durch eine Psychopharmakotherapie diese komplexen Systeme verändert werden können (nachweisbar mit den modernen bildgebenden Verfahren). Durch diese Therapien werden die im Gehirn stattfindenden Funktionsabläufe, die Aktivitäten in den neuronalen Netzwerken, verändert [122, S. 25 + 26].[1]

Zu 2: Die eingangs erwähnten Neurotransmitter, die Botenstoffe, spielen in der Depressionsbehandlung eine wesentliche Rolle. Es gibt ganz verschiedene Transmittersysteme im Gehirn, zum Beispiel das Dopaminsystem, das Noradrenalinsystem, das Acetylcholinsystem, das Gabasystem und andere. Wir beschränken uns hier auf ein System, welches bei der Depressionsbehandlung eine zentrale Rolle spielt, das Serotoninsystem. Wir müssen aber stets daran denken, dass bei unseren Handlungen und unserem Erleben ein Zusammenspiel von verschiedenen Neurotransmittersystemen vor sich geht und dass diverse Hirnstrukturen beteiligt sind. Serotonerge Neurone sind in den verschiedensten Strukturen des Gehirns verteilt. So existieren zum Beispiel serotonerge Verbindungen zum Großhirn, zu den Basalganglien, dem Hypothalamus, dem Kleinhirn und dem Hirnstamm. Antidepressiv wirkende Mittel wie die selektiven Serotonin-Wiederaufnahme-Hemmer (SSRI), das heißt, viele der neueren Antidepressiva bewirken, dass die Serotoninkonzentration im synaptischen Spalt erhöht wird, indem die Wiederauf-

---

[1] Zur bildgebenden Diagnostik gehören die Positionenemissionstomographie (PET) und die funktionelle Magnetresonanztomographie (fMRT). Diese Verfahren existieren erst seit ca. zehn Jahren.

nahme blockiert wird. Inzwischen sind über 20 verschiedene Serotoninrezeptoren bekannt. Auf das Serotoninsystem wirken nicht nur Antidepressiva günstig ein, sondern auch die neueren Neuroleptika (Antipsychotika), sodass angenommen werden muss, dass das Serotoninsystem auch bei der Schizophrenie eine Rolle spielt [30, S. 37 + 38].

Für die Depressionsbehandlung spielt nicht nur das Serotonin-, sondern auch das Noradrenalin- und das Dopaminsystem eine wesentliche Rolle. Wie wirkt nun zum Beispiel Serotonin in den Nervenzellen bzw. im synaptischen Spalt und was bewirkt es? Serotonin wird aus der Aminosäure Tryptophan hergestellt und wird mit unserer Nahrung aufgenommen. Serotonin wird in Speicherbläschen am Ende der Nervenzelle eingelagert. Bei einem Nervenimpuls wird das Speicherbläschen entleert, und das Serotonin gelangt in den synaptischen Spalt, in die Verbindungsstelle zwischen den zwei Nervenfasern. Die bekannteste und am meisten verbreitete Hypothese dafür, was bei Depressionen geschieht, besagt, dass eine geringere Ausschüttung von Neurotransmittern in den synaptischen Spalt (besonders Serotonin und Noradrenalin) verantwortlich ist. Man weiß heute aber auch, dass nicht nur dieses verminderte Vorhandensein von

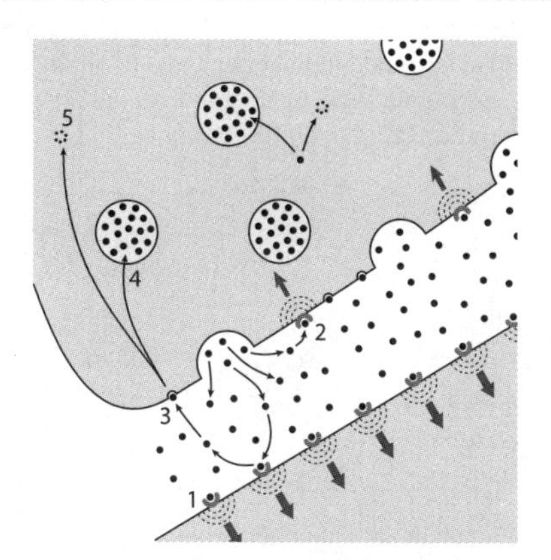

Abb. 4 Normale Erregungsüberleitung. Zahlreiche Serotoninmoleküle werden in den Synapsenspalt ausgeschüttet und aktivieren die Rezeptoren der nachfolgenden Nervenzelle (1), was die Erregung weiterleitet. Die Aktivierung der Autorezeptoren an der vorgeschalteten Nervenzelle (2) unterbindet die weitere Ausschüttung von Serotonin. Die Serotoninmoleküle werden wieder in die vorgeschaltete Nervenzelle aufgenommen (3) und teils erneut in Speicherbläschen integriert (4), teils abgebaut (5) (nach Pierre Dinner [30]).

Neurotransmittern für das depressive Geschehen verantwortlich ist, sondern auch diverse Veränderungen der Rezeptortätigkeit und andere zelluläre Vorgänge im Synapsenbereich [30, S. 37 + 39] (Abb. 4 und 5). Es soll aber betont werden, dass die Aminmangeltheorie eine Hypothese ist, und daher noch vieles unklar und unbewiesen ist.

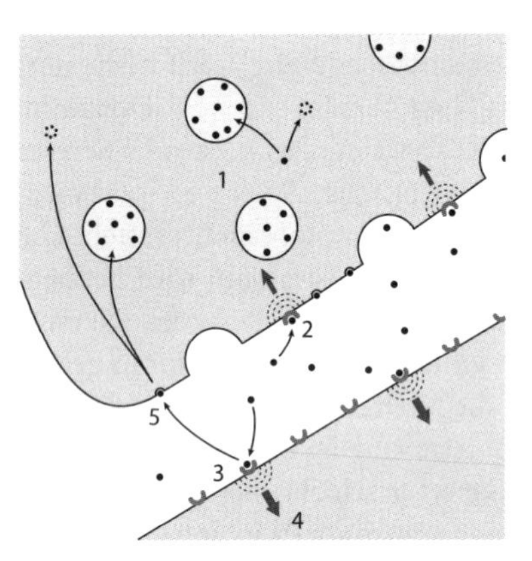

Abb. 5 Depression. Die Speicherbläschen (1) enthalten nur wenig Serotonin. Die Aktivierung der hemmenden Autorezeptoren (2) an der vorgeschalteten Nervenzelle unterbindet die zusätzliche Ausschüttung von Serotonin. Die Rezeptoren (3) werden ungenügend aktiviert, die Erregung (4) nur schwach weitergeleitet. Das Serotonin wird fortlaufend wieder in die vorgeschaltete Nervenzelle aufgenommen (5) (nach Pierre Dinner [30]).

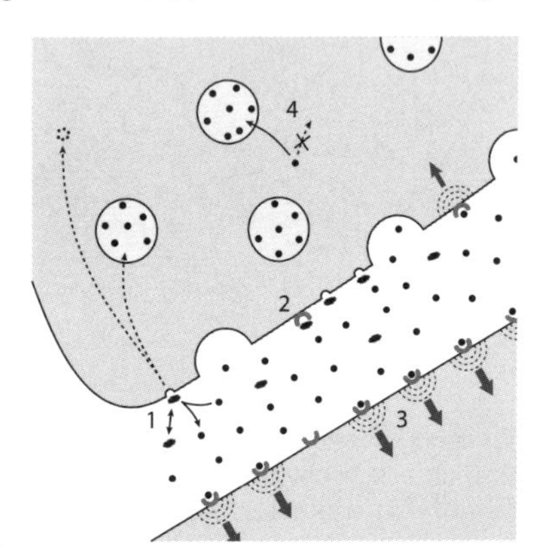

Abb. 6 Die Wirkungsweise verschiedener Antidepressiva. Die Antidepressiva unterscheiden sich in ihrer Wirkungsweise: SSRI hemmen die Wiederaufnahme des Serotonins in die vorgeschaltete Nervenzelle (nach Pierre Dinner [30]).

Auch wenn die Ausführungen dieses Kapitels für Laien nicht ganz einfach zu verstehen sind, geht es dennoch um ganz wesentliche und wichtige Erkenntnisse, die zum Teil erst einige Jahre alt sind:

1. Eine zentrale Erkenntnis ist die, dass das Funktionieren unseres Gehirns durch ständige Umbauprozesse morphologischer Art geprägt ist.
2. Die neuen bildgebenden Verfahren haben ein ganz neues Verständnis von psychischen Prozessen bewirkt. Wir wissen heute einiges über Lernprozesse, man könnte sagen, das Gehirn ist im Wesentlichen eine Lernmaschine.
3. Wesentlich ist auch die Tatsache, dass die klinischen Diagnosen wie Depressionen und Angststörungen oder auch Psychosen nicht nur mit Veränderungen der neuronalen Aktivitätsmuster einhergehen, sondern auch mit Veränderungen der morphologischen Struktur verbunden sind. Daraus folgt, dass psychotherapeutische Verfahren und Pharmakotherapie messbare Veränderungen bewirken. Damit ist die Psychiatrie zu einem Gebiet geworden, das organisch-biologisch verankert ist [94].

In der biologischen Depressionsforschung nehmen die Neurohormone der Hypothalamus-/Hypophysen-Nebennierenachse (Stressachse) sowie die Neurotransmittersysteme eine zentrale Rolle ein. Neurotransmitter sind Botenstoffe, die im Bereich der Synapsen (Verbindungsstelle von zwei Nervenzellen) für die Erregungsübertragung verantwortlich sind. Diese beiden Systeme werden ausgeführt, um darzulegen, wie – biologisch gesehen – eine Depression zustande kommt bzw. was sich bei einer Depression im Zentralnervensystem abspielt. Bei der Wirkung der Antidepressiva kommt dem Serotoninsystem eine besondere Bedeutung zu. Antidepressiv wirkende Medikamente, wie zum Beispiel die selektiven Serotonin-Wiederaufnahme-Hemmer (SSRI) bewirken, dass die Serotonin-Konzentration im synaptischen Spalt (Verbindungsstelle zwischen zwei Nervenfasern) erhöht wird. Mit den modernen bildgebenden Verfahren lässt sich zeigen, dass bei psychischen Krankheiten die Aktivität der entsprechenden Neurone verändert wird.

20 Andere Therapieformen

Der Weg aus der Depression ist kein Spaziergang, er ist aber auch keine hochriskante Klettertour, die nur der Ausnahmeathlet schafft.

[60, S. 162]

Neben der klassischen Psychotherapie, die oft von einer medikamentösen (Psychopharmakotherapie) unterstützt wird, existieren auch andere Behandlungsformen, die weniger bekannt sind und weniger häufig zur Anwendung gelangen als die bereits erwähnten. Dieser Umstand hängt mit verschiedenen Faktoren zusammen, etwa damit, dass einige noch nicht bekannt, andere wieder in Vergessenheit geraten sind oder als überholt gelten. Wieder andere werden zwischen der klassischen Schulmedizin und der Alternativmedizin angesiedelt oder haben den Stempel „nicht wissenschaftlich" erhalten. Im Folgenden wollen wir uns etlichen dieser Methoden und Therapieverfahren zuwenden, wobei selbstverständlich kein Anspruch auf Vollständigkeit erhoben werden kann. Wir werden einige Therapiemöglichkeiten besprechen, zu denen auch solche gehören, die nur an besonderen Institutionen zur Anwendung gelangen und nicht routinemäßig an allen Krankenhäusern oder Universitätskliniken praktiziert werden.

Elektrokonvulsivtherapie (EKT)

Die Elektrokrampf- oder Elektroschocktherapie ist nicht nur eine alte Therapiemethode, sondern auch eine in der Bevölkerung durchaus bekannte und gefürchtete. Dieser Umstand hängt damit zusammen, dass dieses Therapieverfahren mancherorts zu wenig professionell und ohne exakte Diagnosestellung zur Anwendung kam. Zudem hat die EKT beinahe einen Symbolstatus erreicht, indem sie in der Gesellschaft zum Inbegriff der repressiven Therapie, zum Inbegriff der Maßregelung von unbeliebten, sich auflehnenden Patienten in einer Institution geworden ist. Weite Kreise der Bevölkerung erinnern sich noch an den berühmten Film mit Jack Nicholson *Einer flog über das Kuckucksnest.* Dieser Film ist zu einer Art Klassiker geworden: Er ist spannend, originell, hochinteressant, aber auch Angst auslösend, abschreckend – und entspricht nicht der heutigen Durchschnittsrealität in psychiatrischen Kliniken, zumindest nicht in unseren Breitengraden.

Die Verwendung von Elektrizität in der Medizin ist keineswegs eine Erfindung der Neuzeit. Diese Phänomene, als tierische Elektrizität und Reibungselektrizität bekannt, existierten schon im Altertum. Scribonius Largus erwähnt die Schläge des Zitterrochens erstmals als Heilmittel in seinem Werk, das im Jahre 47 nach Christus erschien. Er hat diese Therapie eingesetzt gegen Kopfschmerzen. In späteren Jahrhunderten wurden die gleichen Phänomene beim Zitteraal beschrieben, der ein stärkeres elektrisches Organ aufweist als der Zitterrochen. Dass es sich bei diesen Phänomenen um elektrische Erscheinungen handelt, konnte erst im 18. Jahrhundert eindeutig nachgewiesen werden. Um die vorletzte Jahrhundertwende wurden von Neurologen und Psychiatern Elektrisier- und Faradisier-Apparate verwendet zur Behandlung von Neurosen und psychosomatischen Leiden. Mit dieser Art Elektrotherapie konnten manchmal Symptomheilungen erzielt werden. Auch Sigmund Freud soll anfänglich noch in seiner Praxis die Elektrotherapie durchgeführt, ihre Wirkung aber als suggestiv beurteilt haben [48]. Die eigentliche Elektrokonvulsivtherapie, in Laienkreisen besser bekannt als Elektroschock, wurde von Cerletti und Bini eingeführt: Dem Patienten wurden am Kopf Elektroden befestigt, und er erhielt während 1–5 Zehntel einer Sekunde 70–130 Volt verabreicht. Eine solche Behandlung kann etwa dreimal pro Woche erfolgen bei einer

Gesamtbehandlungszahl von 5–30-mal. Die Autoren verwendeten diese Methode erstmals 1937 in Rom bei Schizophrenen. Der erste Bericht darüber wurde 1938 publiziert [2 + 4].

Die Elektrobehandlung wurde besonders bei therapieresistenten Depressionen und Katatonien (einer Form der Schizophrenie) verwendet. Die Indikation für diese Behandlung ist heute selten geworden, da sie zumeist nicht mehr nötig ist, weil entsprechende Erfolge auch mit Psychopharmaka, zum Beispiel mit Antidepressiva, erreicht werden können.

Allerdings ist es falsch und nicht zutreffend, wenn diese Behandlungsmethode als furchterregend und „mittelalterlich" betrachtet wird, da die Durchführung heute eine ganz andere ist als in den 30er-Jahren des letzten Jahrhunderts, wo die Möglichkeiten von Narkose, Intubation, Intensivmedizin usw. ganz andere waren als heutzutage. Die EKT bewirkt aber bei Patienten mit therapieresistenten Depressionen sehr eindrückliche Resultate: Die Erfolgsquote liegt immerhin zwischen 50 und 80 %. Besonders gut sind die Ergebnisse bei therapieresistenten depressiven Menschen mit einer psychotischen Symptomatik [41].

Die Frage der Wirkungsweise der EKT ist noch immer nicht genau bekannt und muss als weitgehend ungeklärt gelten. Offensichtlich liegen dieser Behandlung mehrere Wirkungsmechanismen zugrunde. Sie beeinflusst zahlreiche Neurotransmittersysteme, verschiedenste Hormone, zum Beispiel jene der Hypothalamus-Hypophysen-Schilddrüsen-Achse. In zahlreichen Untersuchungen konnte nachgewiesen werden, dass es – entgegen früherer Behauptungen – nicht zu einem Untergang von Gehirnzellen kommt. Ebenso wie Antidepressiva dürfte die EKT einen schützenden und wachstumsfördernden Effekt auf Gehirnzellen haben. Wird die EKT sachgerecht und korrekt durchgeführt, kann es zwar zu gewissen kognitiven Störungen (Gedächtnisstörungen) kommen, doch sind diese reversibel, das heißt sie bilden sich nach einiger Zeit wieder zurück. Zudem sind die kognitiven Störungen nicht nur auf die EKT zurückzuführen, sondern sind bekanntermaßen auch krankheitsbedingt (durch die Depression selbst). Es ist auch bekannt, dass die Elektrodenplatzierung unilateral gegenüber der bilateralen (temporal) eine deutlich geringere Nebenwirkungsrate aufzeigt [41, S. 61].

Das Hauptindikationsgebiet der EKT sind die affektiven Störungen (ausgeprägte Depressionen und gewisse Formen der Schizophrenie). Es gibt noch einige andere Indikationsgebiete, auf die hier einzugehen aber zu weit führen würde. Die EKT sollte grundsätzlich nur an Institutionen durchgeführt werden, wo ein Team mit entsprechender Erfahrung zur Verfügung steht. Es ist für den Patienten auch besser und schonender, wenn diese Behandlung unter stationären Bedingungen durchgeführt wird. Die Behandlungsdauer umfasst bei Depressiven etwa sechs bis zwölf Sitzungen, wobei in der Regel zwei bis drei Sitzungen pro Woche durchgeführt werden. Als Nebenwirkung kann es, wie erwähnt, zu kurz andauernden Gedächtnisstörungen kommen, die reversibel sind. Auch führt die Behandlung manchmal zu Kopfschmerzen, die wie anders bedingte Schmerzen auf Schmerzmedikation gut ansprechen. Manchmal kann es auch zu einer vorübergehenden „Verwirrtheit" kommen. Die EKT hat besonders in den USA in den 90er-Jahren ein Wiederaufblühen erlebt, das heißt, die Behandlung kam öfters zur Anwendung als in den zwei Jahrzehnten zuvor.

Die geradezu feindliche Einstellung gegenüber der EKT wurde von antipsychiatrischen Autoren geschürt und machte sich vor allem seit den 60er-Jahren des letzten Jahrhunderts bemerkbar. In den darauf folgenden Jahrzehnten berichteten die Medien über dieses Thema in agitatorischer Weise, obschon es kaum fachliche Vorbehalte gibt, zumindest nicht mehr als bei anderen Therapiemethoden. Schott und Tölle [130, S. 476] schreiben:

> „Die Elektrokrampfbehandlung, nach wie vor die wirksamste aller antidepressiven Therapien, wird immer noch bei sehr schwerer melancholischer Depression und außerdem bei vital gefährlichen katatonenen Syndromen Schizophrener eingesetzt …".

Pflanzliche Mittel (Phytotherapie)

Nicht selten fragen Patienten nach einem Medikament pflanzlicher Herkunft. Die Pflanzenheilkunde spielte über Tausende von Jahren eine große Rolle in der Medizin, die den Menschen schon vor Hunderten von Jahren als Ganzheit erfasst und angesehen hat. Die Frage, ob heute, angesichts vieler moderner Antidepressiva, die Phytotherapie noch einen Platz hat, ist grundsätzlich zu bejahen. Und zwar deshalb, weil manche Patienten eine solche Behandlung bevorzugen und auch darum, weil die Wirksamkeit mancher Phytotherapeutika untersucht wurde und ein positiver Effekt nachgewiesen werden konnte. Allerdings gilt dies nicht für alle Arzneipflanzen, die als wirksam angepriesen worden sind. Eine klare Wirksamkeit konnte bei folgenden pflanzlichen Mitteln bewiesen werden: Als erstes sind die Johanniskraut-Präparate zu erwähnen, die eine stimmungsaufhellende Wirkung zeigen. Allerdings sollten sie nur bei leichteren oder allenfalls mittelschweren Depressionen eingesetzt werden, da Johanniskraut bei schweren Depressionen nicht oder zu wenig wirksam ist. Auch pflanzliche Medikamente können bekanntlich Nebenwirkungen entfalten. So können Johanniskraut-Präparate zum Beispiel eine Photosensibilität (Empfindlichkeit für Sonneneinstrahlung) sowie allergische Hautreaktionen bewirken. Ferner weisen sie diverse Interaktionen mit anderen Medikamenten auf (das heißt, andere Medikamente wirken bei der Einnahme von Johanniskraut-Präparaten weniger stark oder stärker). So kann die Wirksamkeit von Verhütungsmitteln (Antikonzeptiva) herabgesetzt oder schlimmstenfalls außer Kraft gesetzt werden. Von den zahlreichen Johanniskraut-Präparaten seien beispielsweise Jarsin, Solevita und Hyperiplant erwähnt.

Eine Depression geht häufig mit Unruhe und Spannungsgefühlen einher. Auch Schlafstörungen sind bei Depressionen ausgesprochen häufig anzutreffen. Auch diese können mit pflanzlichen Mitteln behandelt werden. Eine beruhigende Wirkung haben beispielsweise Melissenblätter, die auch bei Einschlafstörungen eine Wirkung entfalten können. Letzteres gilt auch für Hopfenpräparate. Mit Erfolg kann auch Baldrianwurzel eingesetzt werden, die eine beruhigende und schlafférdernde Wirkung aufweist. Auch bei Angst-, Spannungs- und Unruhezuständen hat sie eine positive Wirkung. Als Präparatebeispiel sei Dormiplant erwähnt, welches Baldrian und Melisse beinhaltet.

Nachdem von der offiziellen Medizin pflanzliche Arzneimittel lange Zeit nicht ernst genommen wurden, werden sie heute auch von Schulmedizinern eingesetzt. Der sinnvolle Umgang mit diesen Phytotherapeutika setzt voraus, dass man sich mit diesen Arzneimitteln auskennt, und dass sie dort eingesetzt werden, wo dies verantwortet werden kann, also zum Beispiel nicht bei schweren, agitierten Depressionen mit akuter Suizidalität. Gefahren ergeben sich dann, wenn die therapeutische Wirkung nicht richtig eingeschätzt wird oder wenn die Diagnosestellung falsch ist. Doch ist die Zeit, wo pflanzliche Heilmittel mit Geringschätzung betrachtet werden, erfreulicherweise vorbei [33, S. 137–140].

Transkranielle Magnetstimulation (TMS)

Bei dieser Methode wird eine Hirnhälfte einem starken Magnetfeld ausgesetzt (linker präfrontaler Kortex), um das depressive Geschehen positiv zu beeinflussen. Nach mehrmaliger Verabreichung des Magnetfeldes verändert sich in dieser Hirnregion die Durchblutung und auch der Metabolismus (Stoffwechselgeschehen) [3, S. 38]. Die TMS beruht auf dem Prinzip der elektromagnetischen Induktion, die von Faraday 1831 entdeckt wurde. In den 80er-Jahren des 20. Jahrhunderts wurde das erste Gerät für TMS entwickelt. Meist werden etwa zehn Sitzungen innerhalb von zwei Wochen durchgeführt. Die TMS ist eine wenig belastende Behandlungsmethode, doch sind die bisherigen Ergebnisse eher ernüchternd. Die Resultate liegen hinter denen der üblichen pharmakologischen Behandlungsverfahren zurück [3, S. 42]. Sie gehört (noch) nicht zu den regulären etablierten Behandlungsformen wie sie an den hiesigen Kliniken und Polikliniken üblich sind.

Vagus-Nerv-Stimulation

Der 10. Hirnnerv heißt *nervus vagus*, er stellt eine Verbindung her zwischen dem Gehirn und mehreren wichtigen Organen unseres Körpers. Ähnlich einem Herzschrittmacher wird ein Gerät im oberen Brustbereich implantiert, das regelmäßige elektrische Impulse abgibt. Die elektrischen Impulse bewirken eine Stimulation *des nervus vagus*, der die Signale weitergibt ins Gehirn. Diese Therapieform wurde ursprünglich bei Epilepsie angewendet, und seit wenigen Jahren wird sie auch bei Depressionen eingesetzt. Die Methode ist noch zu neu, als dass Verbindliches darüber ausgesagt werden könnte. Es liegen nur wenige Fallzahlen aus den USA vor. Es wird davon ausgegangen, dass Hirnbereiche stimuliert werden, die für die Auslösung von Depressionen eine wesentliche Rolle spielen [30, S. 174].

Schlafentzug

Vor etwa 40 Jahren beschrieben die deutschen Psychiater Schulte und Tölle den stimmungsaufhellenden Effekt von Schlafentzug bei Depressiven. Bei etwa zwei Drittel der Patienten, die an einer schweren Depression litten, zeigte sich nach einer durchwachten Nacht eine deutliche Besserung ihrer Stimmung. Allerdings hielt dieser Erfolg nicht lange an, meist nur etwa einen Tag lang [115, S. 54].

Eigentlich wurde die positive Seite des Schlafentzuges von Patienten entdeckt: Der Schriftsteller und Theologe Heinrich Hansjakob schrieb 1894:

> „Am Morgen wachte ich auf und mit mir die Schwermut. Und schon heute zeigte sich die spätere Regel, dass auf eine gute Nacht ein schlechter Tag folgte und umgekehrt ..." [130, S. 477].

Schlafentzug wird jeweils eine Nacht oder eine halbe Nacht (zweite Nachthälfte) durchgeführt, um einen antidepressiven Effekt zu bekommen. Da die Wirkung nur für kurze Zeit anhält, muss der Schlafentzug mehrmals durchgeführt werden und zudem reicht auch diese Methode als alleinige Therapie nicht aus. In der Regel wird der Schlafentzug mit Patienten durchgeführt, die Antidepressiva einnehmen. Der Schlafentzug wird vorzugsweise stationär vorgenommen, also in Kliniken, zumeist in einer Gruppe. Auf diese Weise ist der Schlafentzug viel einfacher und für den Patienten auch bequemer. Dass mehrere Hypothesen zum Wirkungsmechanismus bestehen, zeigt, dass er unbekannt ist. So besagt zum Beispiel eine Theorie, „... dass der Schlafentzug eine Resynchronisation der gestörten biologischen Rhythmik bei depressiven Patienten bewirke" [115, S. 55]. Bei etwa 50 bis 60 % der Patienten, die sich einem Schlafentzug unterziehen, kommt es zu einer kurzfristigen Besserung ihrer Stimmungslage [115, S. 58].

Akupunktur

Die Akupunktur gehört zur traditionellen chinesischen Medizin und ist über 2000 Jahre alt. Auf der Körperoberfläche liegen sogenannte Meridiane, auf welchen über 300 klassische Punkte liegen. Mit Hilfe von kleinen Nadeln wird Energie zu- oder abgeführt [30, S. 181]. Bei leichten bis mittelschweren Depressionen soll die Akupunkturbehandlung eine Aufhellung der Depression bewirken. Es existieren Untersuchungen, die diesen Sachverhalt eindeutig zu bestätigen scheinen [104, S. 74]. Andere Autoren wie zum Beispiel Benkert [20] bestreiten die spezifisch antidepressive Wirkung der Akupunktur bei Depressiven. Benkert schreibt der „Nadelung selbst" einen Effekt zu, nicht aber der spezifischen Akupunktur. Benkert sieht in der besonderen Beschäftigung mit dem Patienten eine Wirkungskomponente [20, S. 219]. Ots [104] berichtet über sehr ermutigende Erfahrungen mit der Akupunkturbehandlung bei Depressionen und Angststörungen. Allerdings räumt er ein:

> „Als alleinige Therapie für Depressive und Angststörungen dürfte die Akupunktur unzureichend sein ..." [104, S. 76].

Öldispersionsbäder

Das Besondere an den Öldispersionsbädern besteht darin, dass gegenüber den gewöhnlichen Bädern eine erhöhte Wirkstoffaufnahme stattfinden kann. Werner Junge, ein Masseur, hat 1937 das Öldispersionsbad entwickelt. Ätherisches Öl wird im Wasser mit Hilfe eines Wirbelprinzips verteilt und es kommt zu einer Feinstverteilung. Zwei wichtige Vorgänge geschehen durch das Verwirbeln des Öls im Wasser:

1. Es kommt zu einer Oberflächenvergrößerung des Wirkstoffs (etwa um das 5000fache) und
2. es kommt zu einer Dynamisierung des Wirkstoffs durch das Verwirbeln[149, S. 32 uff.]. Diese feinsten Öltröpfchen können fragmentarisch in die Blutbahn gelangen: Ihr Durchmesser soll einem Bruchteil eines roten Blutkörperchens entsprechen. In der Regel werden 20-minütige Bäder angeboten bei einer Badetemperatur, die etwa ein halbes Grad unter der Kerntemperatur des

Patienten liegt. Nach dem Bad folgt eine Ruhephase von etwa einer Stunde. Verschiedenste Öle kommen zur Anwendung, so zum Beispiel Basilikumöl und Öle von Estragon und Fenchel. Auch Gewürznelke und Neroli (aus den Blüten der Bitterorange) werden verwendet.

Auch wenn die Öldispersionsbäder wenig bekannt sind, zumindest in der Psychiatrie, und auch wenn sie keine etablierte Therapieart sind, die von der Schulmedizin akzeptiert wird, so handelt es sich dennoch um eine interessante Alternative für Patienten, die beispielsweise auf Medikamente schlecht ansprechen oder diese verweigern. Allerdings darf die Zuwendung, welche die Kranken bei solchen komplizierten Prozeduren erhalten, nicht übersehen werden. Sie dürfte ein wesentlicher Bestandteil der Therapie, im weitesten Sinne sogar der „Psychotherapie", darstellen. Die Wirkung der Öldispersionsbäder bei Depressiven wird von ihren Verfechtern so erklärt, dass eine Depression eine Lähmung des eigenen Wesenskern bedeutet bzw. dass sich dieser Mensch von sich selbst entfremdet hat. Die Öldispersionsbäder sollen helfen, einen besseren Zugang zu sich selbst, zum eigenen Wesenskern zu bekommen und die eigene Handlungsfähigkeit zu stärken [149, S. 37].

Weitere Therapieformen

Es könnten noch weitere Therapieformen angeführt werden, die aber bei der Behandlung der Depressionen nur am Rande eine Rolle spielen und die zum Teil in Gruppen oder unter klinischen Bedingungen durchgeführt werden. Es sei etwa an die Ergotherapie erinnert, deren Stellenwert in den psychiatrischen Kliniken nicht unterschätzt werden darf, an die sogenannte Psychoedukation, deren Wurzeln in der Verhaltenstherapie liegen, an die altbekannte Musiktherapie (die aber nicht spezifisch ist für die Depressionsbehandlung), an die sogenannte Kunsttherapie und an die Tanztherapie nach der Methode der Bewegungsanalyse. Die etablierte und von der Schulmedizin anerkannte Lichttherapie wurde im Zusammenhang mit den saisonalen Depressionen besprochen und auch die EMDR (*eye movement desensitization and reprocessing*) findet im Zusammenhang mit den posttraumatischen Belastungsstörungen Erwähnung.

Als alternative Methode, die ebenfalls nicht spezifisch für die Depressionsbehandlung ist, ist die Farbtherapie zu erwähnen, die von der Schulmedizin aber nicht anerkannt ist. Es ist ein uraltes Heilverfahren, das schon bei den alten Griechen und Ägyptern zur Anwendung gelangte. Der Farbtherapie liegt die Ansicht zugrunde, dass Energien den Körper positiv und negativ beeinflussen und das Licht eine Energieform sei, die in viele Farben zerlegt und dosiert werden könne. Eine Krankheit wird demnach als Störung des Gleichgewichts von Farben im menschlichen Organismus aufgefasst. Diese Farben können auf irgendeine Weise den Betroffenen zugeführt werden. So legt sich zum Beispiel der weiß gekleidete Patient auf den Rücken und wird mit der passenden Farbe beleuchtet. Auch können Entspannungsbäder durchgeführt werden, die in einem in farbiges Licht getauchten Raum stattfinden. Auch die Zusammenstellung der Farben bei der Bekleidung kann eine gewisse Rolle spielen. Natürlich kann die Farbtherapie niemals ein Ersatz für eine ärztliche Behandlung einer Depression sein.

Schulmedizinisch anerkannt ist das autogene Training (AT), eine Methode der Selbstentspannung, das mit Patienten einzeln oder in Gruppen durchgeführt werden kann. Bei akuten Depressionen kann diese Behandlungsform jedoch nicht zur Anwendung kommen, da die dafür notwendige Konzentration meist nicht aufgebracht werden kann, und der Patient gar nicht in der Lage ist, sich zu entspannen. Bei schwer Depressiven kann das AT sogar die Insuffizienzgefühle verstärken und Schuldgefühle auslösen [16, S. 188]. Wenn sich das depressive Zustandbild schon aufgehellt hat, kann das AT hilfreich sein: Es kann einen Beitrag leisten gegen einzelne Symptome wie Schlafstörungen, gegen Schmerzen wie Kopfweh, welches auf Muskelverspannungen zurückzuführen ist, und das AT kann dazu beitragen, Ängste des Patienten abzubauen.

Nützlich dagegen ist bei Depressiven die Massagebehandlung, besonders in der Schulter- und Nackenregion, wo muskuläre Verspannungen zumeist besonders ausgeprägt sind. Zudem schätzt der Kranke den taktilen Kontakt besonders, da er stimulierend wirkt und ihm hilft, den eigenen Körper wieder besser zu spüren [16, S. 188].

In diesem Kapitel werden alternative Therapieformen besprochen, die bei der Depressionsbehandlung ebenfalls eine Rolle spielen. Es kommen sowohl ältere Behandlungsmethoden zur Sprache wie zum Beispiel die Phytotherapie, die Elektrokonvulsivtherapie und der Schlafentzug, als auch neuere Therapien, die noch wenig bekannt sind und nur an gewissen Zentren durchgeführt werden, wie beispielsweise die transkranielle Magnetstimulation oder die Vagus-Nerv-Stimulation. Es werden auch Therapieformen diskutiert, die zwischen der klassischen Schulmedizin und der Alternativmedizin anzusiedeln sind.

21 Vorbeugende Maßnahmen und Umgang als Angehöriger und Freund

Nicht Kunst und Wissenschaft allein,
Geduld will bei dem Werke sein.

(Faust, Goethe)

Für Angehörige und Freunde von Depressiven sind der Umgang und ein sinnvolles Verhalten keineswegs einfach. Auf den ersten Blick hat es sogar den Anschein, dass, wie auch immer sich ein Angehöriger oder ein Freund verhält, es aus der Sicht des Depressiven sowieso falsch ist. Der Laie hat die Tendenz, einen Depressiven, der apathisch und inaktiv herumsitzt, anzuregen etwas zu tun, etwas zu unternehmen und sich „zusammenzureißen". Solche Aufforderungen sind nicht nur nutzlos, sondern sie können insofern sogar schädigend wirken, als der Depressive sich nicht ernst genommen fühlt, da er einem solchen Ansinnen gar nicht nachkommen kann. Auch Bagatellisierungsversuche zeugen davon, dass der Kranke nicht ernst genommen wird, wie zum Beispiel „es ist ja alles gar nicht so schlimm" oder „das wird schon wieder, hab nur ein bisschen Geduld", oder „lenk dich doch etwas ab, gönn dir was Tolles!" Zunächst einmal muss von der Umgebung zur Kenntnis genommen werden, dass das Verhalten des depressiven Freundes, des Angehörigen, ein völlig anderes ist als dasjenige, das man von ihm gewohnt ist und das ihm sonst entspricht. Das krankhafte Verhalten sollte zunächst als solches wahrgenommen und akzeptiert werden. Der Depressive muss motiviert werden, sich in ärztliche Behandlung zu begeben. Es darf ihm in Aussicht gestellt werden, dass seine Krankheit, die seinem Verhalten zugrunde liegt, heute meist gut behandelt und er somit von seinem qualvollen Leiden befreit werden kann. Dasselbe gilt auch für Depressive, die nicht teilnahmslos und ruhig in einer Ecke herumsitzen, sondern die agitiert-unruhig und angetrieben sind und meist von schweren Ängsten geplagt werden. Da diese Menschen häufig ein hohes Suizidrisiko haben, ist es besonders wichtig, sie schnell zu motivieren, sich in eine ärztliche Behandlung zu begeben.

Vielfach werden heute Sport und Bewegung gegen Depressionen empfohlen, das Sich-Bewegen in der freien Natur bei möglichst viel Sonnenlicht. Diese Erkenntnis ist aber schwer umzusetzen, weil die Betreffenden gar nicht für solche Aktivitäten motiviert werden können, zumindest so lange nicht, als sie sich in der Talsohle einer Depression befinden. Diese sportlichen Aktivitäten können erst dann zum Einsatz kommen, wenn ein Depressiver schon eine Wegstrecke in Richtung Genesung zurückgelegt hat, oder wenn er wieder gesund ist und sein Leben umstellt, um eine spätere depressive Phase möglichst zu verhindern. Ein älterer depressiver Patient, der sich bereits auf dem Weg zur Besserung befand, sagte mir spontan, dass er Lust verspüre, einige Tage in die Berge zu gehen, um Ski zu fahren. Ich unterstützte ihn in seiner Absicht, und als er nach einer Woche wieder erschien, war das depressive Zustandsbild weitgehend verschwunden. Zumeist verhält es sich aber umgekehrt, indem der Patient motiviert werden muss, sportlich aktiv zu werden und entsprechende Betätigungen zu unternehmen. Die Motivationsarbeit ist zu einem großen Teil auch davon abhängig, ob der Kranke in seinen gesunden Tagen bereits sportlich aktiv war oder ob körperliche Betätigung für ihn etwas ganz Neues darstellt.

Oft fällt es dem Depressiven leichter, wenn er nicht allein mit etwas beginnen muss, sondern wenn er von einer befreundeten Person begleitet wird, wenn sie mit ihm zusammen die entsprechenden Aktivitäten unternimmt, sei es nun ein Spaziergang, sei es durch den Wald joggen, oder sei es eine kleine Fahrradtour. Grundsätzlich können alle körperlichen Betätigungen, die dem Betreffenden entsprechen und die er sich aussucht, positiv unterstützt werden, so etwa auch Arbeit im Garten, Holzspalten oder Schwimmen. Diese Aktivitäten haben den Vorteil, dass die Muskulatur und die Atmung aktiviert werden und dass es die Betroffenen vom Teufelskreis der Negativgedanken ablenkt. Man spürt sich selbst wieder besser und bewusster als früher und kommt leichter vom Grübeln und von düsteren Gedanken weg. Wichtig ist dabei, dass diese sportlichen Betätigungen in regelmäßigen Abständen, mindestens zwei- bis dreimal pro Woche, stattfinden. Eine Reihe von Untersuchungen haben bestätigt, dass körperliche Aktivität wie zum Beispiel Joggen antidepressiv wirken kann. Eine solche Betätigung wirkt sich nicht nur körperlich, sondern auch seelisch positiv aus. Man geht davon aus, dass bei ausreichender körperlicher Betätigung die Freisetzung von Endorphinen, von körpereigenen stimmungsaufhellenden Substanzen, ausgelöst wird und dadurch eine Besserung bzw. ein Wohlbefinden zustande kommt [30, S. 184 und 2, S. 102]. Allerdings können solche Aktivitäten, wie bereits erwähnt, erst umgesetzt werden, wenn der Depressive dazu bereit ist, das heißt wenn er dazu Lust verspürt und vom Nutzen dieser Beschäftigung überzeugt werden kann bzw. wenn er sich bereits auf dem Weg der Besserung befindet. Zudem ist diese Maßnahme auch geeignet als Prophylaxe gegen Depressionen (die allerdings nicht ausreichend sein muss).

Für dem Depressiven nahestehende Personen ist es auch wichtig, diesen daran zu erinnern, dass Depressionen bei einer entsprechenden Behandlung wieder vorbeigehen. Die Betroffenen sollten die regelmäßigen Sitzungen beim Arzt einhalten und auch die Medikamente sollten über längere Zeit regelmäßig eingenommen werden. Ein vorzeitiges Absetzen der Antidepressiva führt nicht selten zu einem Rückfall, besonders dann, wenn bereits mehrere depressive Phasen aufgetreten sind.

Eine andere Frage, die bei der Prophylaxe von Depressionen immer wieder auftaucht, ist die der Ernährung. Haben gewisse Ernährungsformen eine prophylaktische Wirkung? Diese Frage ist nicht so einfach zu beantworten: In der Einleitung wurde bereits die Bedeutung des Zuckers im Zusammenhang mit dem Serotoninstoffwechsel erwähnt und darauf hingewiesen, dass in früheren Jahrhunderten Traubenkuren zur Behandlung von Depressionen empfohlen wurden. Als Behandlungsmethode kommen diätetische Maßnahmen heute nicht in Frage, wohl aber kann eine ausgewogene Ernährung möglicherweise zur Prophylaxe einer Depression beitragen. Es scheint heute erwiesen zu sein, dass ein Mangel an Omega-3-Fettsäuren ein größeres Risiko für eine depressive Erkrankung darstellt. Man geht davon aus, dass die geringere Depressionsanfälligkeit der japanischen Bevölkerung mit dem hohen Fischkonsum im Zusammenhang steht, da Fische einen hohen Gehalt von Omega-3-Fettsäuren aufweisen [30, S. 183]. Auch den B-Vitaminen soll eine wichtige Bedeutung zukommen.

Die Mehrzahl aller Menschen, die eine depressive Episode durchgemacht haben, erlebt in späteren Jahren eine weitere depressive Phase, falls keine Behandlung erfolgt. Der Therapie kommt also wichtige Bedeutung zu. Es sei erneut betont und darauf hingewiesen, dass unter Behandlung in der Regel sowohl eine Psychotherapie als auch eine Pharmakotherapie zu verstehen ist. Ob im Einzelfall mehr die Psychotherapie oder mehr die Pharmakotherapie im Vordergrund steht, hängt einerseits vom Patienten, andererseits vom behandelnden Therapeuten ab.

Ein wesentlicher Teil der Bewältigung der Krankheit ist für den Betroffenen die sogenannte Tagesstruktur. Damit wird zum Ausdruck gebracht, dass der Depressive – vor allem, wenn er sich auf dem Weg der Besserung befindet – sich etwas Bestimmtes vornehmen soll für den nächsten Tag, das er auch zu bewältigen imstande ist. Diese scheinbare Banalität ist für den Depressiven von enormer Bedeutung: Nimmt er sich zu viel vor, dann kann er es nicht bewältigen, ist enttäuscht und hat erneut eine Negativerfahrung gemacht. Die Tagesstruktur sollte also darin bestehen, sich nur so viel vorzunehmen, dass er es seiner Situation entsprechend auch bewältigen und ausführen kann, damit er ein – wenn auch noch so bescheidenes – Erfolgserlebnis verbuchen kann. Ich erinnere mich an eine Patientin, ca. 50-jährig, die sich während ihrer Depression ins Bett verkriecht und tagelang in diesem verharrt. Sobald es ihr aber gelingt, morgens aufzustehen, mit ihren Angehörigen das Mittagessen einzunehmen und/oder für kurze Zeit die Wohnung zu verlassen, ist sie bereits auf dem Weg der Besserung, das heißt, nach kurzer Zeit verschwindet ihre Depression. Nicht bei allen Depressiven hat eine so einfache „Tagesstruktur" einen solchen Erfolg, doch zeigt es sich, dass das wie immer auch geartete Programm, das dem leidenden Menschen angepasst sein muss, eine große Bedeutung und Wichtigkeit hat. Die Gefahr ist sehr groß, dass sich Depressive auf dem Weg der Besserung zu viel vornehmen, dies aber nicht bewältigen können und danach erneut wieder in ein Loch zurückfallen und damit die Spirale der negativen Gedanken erneut eine Fortsetzung erfährt.

Eine weitere Möglichkeit, wie der Depressive angeregt werden kann, einen Beitrag zur Bewältigung seiner Krankheit zu leisten, ist das Schreiben. Er kann zum Beispiel dazu aufgefordert werden, eine Art Tagebuch zu führen, seine Empfindungen und Gefühle zu Papier zu bringen oder Träume aufzuschreiben. Selbstverständlich gilt auch hier das gleiche Prinzip wie für die sportliche Betätigung: Der Kranke muss dazu imstande sein und muss wieder „wollen können", und dies ist in der Regel erst dann der Fall, wenn er die Talsohle seiner Krankheit bereits durchschritten hat. In diesem Zusammenhang soll nochmals betont werden, dass ein Depressiver nicht „wollen kann". Dieses „Nicht-Wollen-Können" ist ein wichtiges Symptom der Krankheit Depression. Aus diesem Grunde nützen auch Appelle an seinen Willen nichts. Zu Recht schreibt Ursula Nuber [102, S. 111], dass die Aufforderung sich zusammenzureißen vergleichbar widersinnig sei „wie die Aufforderung an einen Diabetiker, sein Körper solle mehr Insulin produzieren".

Als Angehöriger und Freund ist es noch schwieriger, mit Menschen umzugehen, die auch manischen Episoden unterworfen sind. Da die Diagnose meist erst nach einem längeren Verlauf gestellt werden kann, ist es grundsätzlich ein Vorteil, dass sowohl bei Patienten wie auch bei Angehörigen bereits Erfahrungen vorliegen. Nicht ganz zu unrecht ist die Befürchtung groß, dass jemand wieder manisch wird, sobald er aus seiner Lethargie herauskommt, vermehrt Interesse zeigt, aktiver wird, besonders wenn damit auch eine gewisse Redseligkeit, eventuell gepaart mit einer gewissen Lautstärke, verbunden ist. Vielleicht kann schon ein lautes Lachen bei Angehörigen die Befürchtung wachrufen, dass es „wieder losgeht". Manische Phasen sind für Angehörige und Freunde wesentlich belastender als depressive, da bei Manischen die Krankheitseinsicht begreiflicherweise fehlt, zumindest, wenn sie erstmalig eine solche Episode erleben müssen, da sie sich subjektiv ja besser denn je zuvor fühlen. Bei schon ein- oder mehrmals durchgemachten manischen Phasen kann jedoch an frühere Episoden und Erlebnisse angeknüpft werden, da die Betreffenden oft das, was in den manischen Phasen geschehen ist, bereuen und am liebsten ungeschehen machen würden. Der Vorteil im Umgang mit solchen Betroffenen ist der, dass sie in der Regel in ärztlicher bzw. psychiatrischer Behandlung stehen, meist mit einer medikamentösen Langzeittherapie. Bei einem begründeten Verdacht, dass sich eine erneute manische oder submanische Phase anbahnt, sollte mit dem behandelnden Therapeuten Kontakt aufgenommen werden. Noch besser sollte sich der Patient selbst bei seinem Therapeuten melden. Dieser kann dann rechtzeitig intervenieren und zum Beispiel eine Anpassung der Medikamentendosis vornehmen. Wenn es schon viel Geduld braucht, mit Depressiven richtig umzugehen, ist es bei Manisch-Depressiven noch wesentlich schwieriger, da es bei sich anbahnenden manischen Phasen noch mehr Einfühlungsvermögen und Ausdauer braucht als bei Menschen, die „nur" an depressiven Phasen leiden.

Als Angehörige und Freund sind möglichst folgende Regeln gegenüber einem Depressiven zu beherzigen:

1. Der Depressive sollte Zuwendung erhalten, aber nicht übermäßig umsorgt und eingeengt werden.
2. Eine gewisse Nähe sollte hergestellt werden, die aber auch genügend Distanz zulässt.
3. Voraussetzung für den Umgang mit Depressiven ist Geduld: Geduld gegenüber sich selbst und gegenüber dem Kranken.
4. Es sollte dem Kranken nichts vorgespielt werden: Gewisse Wünsche und Empfindungen dürfen durchaus zum Ausdruck gebracht werden, es sollte jedoch nicht mit einem Depressiven gestritten werden.
5. Auch sollte dem Kranken gegenüber nicht ein oberflächlicher Optimismus vorgespielt werden, sondern es sollte zum Ausdruck gebracht werden, dass die Krankheit behandelbar und heilbar ist.
6. Auch kleine Fortschritte des Kranken sollten positiv erwähnt und gelobt werden.
7. Der Depressive sollte seinem Zustand entsprechend gefordert, jedoch nicht über-, aber auch nicht unterfordert werden.
8. Es sollte mit dem Kranken gemeinsam der Tag geplant und eingeteilt werden, zum Beispiel am Vorabend oder am Morgen, je nach Zustand des Depressiven (gewisse Kranke fühlen sich morgens besser, andere gegen Abend).
9. Angehörige und Freunde sollten sich nicht von der Stimmung des Kranken anstecken lassen.

Diese soeben genannten „Spielregeln“ [102, S. 113] sind im Alltag natürlich nicht immer so leicht umsetzbar. Es sind quasi Ideale, die angestrebt werden sollten, jedoch nie vollständig erreicht werden können. Wie auch bei vielen anderen Problemen und Krankheiten ist die Theorie leichter als die praktische Umsetzung! Die wichtigste Voraussetzung für alles ist neben der positiven emotionalen Zuwendung die Geduld.

Abschließend folgt ein Gedicht von Erich Kästner, das aufzeigt, wie ein menschliches Leben nicht gelebt werden sollte:

Kurt Schmidt, statt einer Ballade

Der Mann, von dem im weiteren Verlauf
Die Rede ist, hieß Schmidt (Kurt Schm., komplett).
Er stand, nur sonntags nicht, früh 6 Uhr auf
Und ging all abendlich punkt 8 zu Bett.

10 Stunden lag er stumm und ohne Blick,
4 Stunden brauchte er für Fahrt und Essen.
9 Stunden stand er in der Glasfabrik,
1 Stündchen blieb für höhere Interessen.

Nur sonn- und feiertags schlief er sich satt.
Danach rasierte er sich, bis es brannte.
Dann tanzte er. In Sälen vor der Stadt
Und fremde Fräuleins wurden rasch Bekannte.

Am Morgen fing die nächste Strophe an.
Und war doch immerzu dasselbe Lied!
Ein Jahr starb ab. Ein anderes Jahr begann
Und was auch kam, nie kam ein Unterschied.

Um diese Zeit war Schmidt noch gut verpackt
Er träumte nachts manchmal von fernen Ländern.
Um diese Zeit hielt Schmidt noch halbwegs Takt.
Und dachte: Morgen kann sich alles ändern.

Da schnitt er sich den Daumen von der Hand.
Ein Fräulein Brandt gebar ihm einen Sohn.

Das Kind ging ein. Trotz Pflege auf dem Land.
(Schmidt hatte 40 Mark als Wochenlohn).

Die Zeit marschierte wie ein Grenadier.
In gleichem Schritt und Tritt. Und Schmidt lief mit.
Die Zeit verging. Und Schmidt verging mit ihr.
Er merkte eines Tages, dass er litt.

Er merkte, dass er nicht alleine stand.
Und dass er doch allein stand, bei Gefahren.
Und auf dem Globus, sah er, lag kein Land,
In dem die Schmidts nicht in der Mehrzahl waren.

So war's. Er hatte sich bis jetzt geirrt.
So war's, und es stand fest, dass es so blieb.
Und er begriff, dass es nie anders wird.
Und was er hoffte, rann ihm durch ein Sieb.

Der Mensch war auch bloß eine Art Gemüse,
Das sich und dadurch andere ernährt.
Die Seele saß nicht in der Zirbeldrüse.
Falls sie vorhanden war, war sie nichts wert.

9 Stunden stand Schmidt schwitzend im Betrieb.
4 Stunden fuhr und aß er, müd und dumm.
10 Stunden lag er, ohne Blick und stumm.
Und in dem Stündchen, das ihm übrig blieb, bracht er sich um.

In diesem Gedicht wird ein unbefriedigendes Leben treffend dargestellt. Es ist ein Leben ohne wirkliche zwischenmenschliche Beziehungen, die Arbeit ist monoton, ohne Möglichkeit einer „autonomen Selbstentfaltung“ [83]. Mit der Zeit wird für Schmidt das normale Funktionieren immer schwieriger, er wertet das Leben und die unbefriedigende Arbeit ab und betrachtet den Tod seines Kindes wie das einer Pflanze (es „ging ein“). Am Ende dieses langweiligen und sinnentleerten Lebens bleibt Schmidt nur der Suizid, nachdem er sich schon früher den „Daumen von der Hand“ geschnitten hatte, wobei offen bleibt, in welchem Zusammenhang dies geschehen ist.

Aber dieser Akt hat Symbolfunktion: Der Daumen ist der wichtigste Teil der Hand und steht wohl für alle – im weitesten Sinne des Wortes – Fehl-Hand-lungen.

In diesem Kapitel werden gewisse Grundvoraussetzungen erwähnt, welche den Umgang mit Depressiven erleichtern sollen. Appelle an einen Depressiven, sich zusammenzureißen, nützen nichts, sie schaden eher, da sich die Betreffenden nicht ernst genommen fühlen. Eine geduldige und ehrliche, aber konsequente Haltung gegenüber dem Kranken ist die wichtigste Voraussetzung. In jedem Fall sollte ein Depressiver ermutigt werden, sich in ärztliche und psychotherapeutische Behandlung zu begeben. Als wichtige Maßnahmen, besonders wenn der Depressive sich auf dem Weg der Besserung befindet, sind die Einhaltung einer bescheidenen Tagesstruktur, körperliche bzw. sportliche Bewegung, das Aufschreiben von Gefühlen und Emotionen, sowie die Fortsetzung der Therapie, auch nach Abklingen des depressiven Zustandsbildes, zu nennen.

Literaturverzeichnis

[1] Achté, K. (1975). Suizidalität und Suizidverhütung. *MW* 117, (6), S. 189–192.

[2] Ackerknecht, E. H. (1967). *Kurze Geschichte der Psychiatrie.* Ferd. Enke, Stuttgart.

[3] Aichhorn, W. (2005). Transkranielle Magnetstimulation. In: *Depressionstherapie,* Hrsg.: Lehofer, M. & Chr. Stuppäck, Thieme Verlag, Stuttgart, S. 38–42.

[4] Alexander, F. G. & Selesnick, S. T. (1969). *Geschichte der Psychiatrie.* Diana Verlag, Konstanz.

[5] Althaus, D.; Schäfer, R. & Hegerl, U. (2005). Das „Bündnis gegen Depression": Suizidprävention durch Depressionsprävention. *Suizidprophylaxe* 32, S. 141–144.

[6] Althaus, D.; Hegerl, U. & Reiners, H. (2006). *Depressiv?* Kösel Verlag, München.

[7] Angst, J. (1973). Die larvierte Depression in transkultureller Sicht. In: *Die larvierte Depression,* Hrsg.: Paul Kielholz, Verlag Hans Huber, Bern, S. 276–281.

[8] Anonym (2006). Psychiater von Stalkern heftig terorrisiert. *Medical Tribune* 41, Jg. Nr. 37, 15. September 2006, S. 3.

[9] Anonym (2006). Depression in der Schwangerschaft - kein Tabu. *Psyche und Soma* 11, S. 8.

[10] Arnetz, B. B. et al. (1987). Suicide patterns among physicians related to other academics as well as to the general population. *Acta psychiat. Scand.* 75, S. 139–143.

[11] Arolt, V.; Dilling, H. & Reimer, C. (2004). *Basiswissen Psychiatrie und Psychotherapie.* 5. aktualisierte Auflage, Springer Verlag, Berlin.

[12] Bämayr, A. & Feurlein, W. (1984). Über den Selbstmord von 119 Ärzten, Ärztinnen, Zahnärzten und Zahnärztinnen in Oberbayern von 1963–1978. *Crisis* 5/2, S. 91–107.

[13] Barocka, A. (1997). Depression und Suizidalität. *Fortschr. Med.* 115, S. 29.

[14] Barth, R. (2006). Antidepressiva und Suizid – Langzeittherapie reduziert das Risiko. *Leading Opinions Neurologie und Psychiatrie* 1, S. 20–22.

[15] Battegay, R. (1977). *Narzissmus und Objektbeziehungen.* Hans Huber Verlag, Bern.

[16] Battegay, R. (1991). *Depression – Psychophysische und soziale Dimension.* 3. Auflage, Therapie Hans Huber, Bern.
[17] Battegay, R. (2005). *Grenzsituationen.* Kreuz Verlag, Stuttgart.
[18] Beautrais, A. L. (2005). Women and suicidal behavior. Editorial, *Crisis*, 27, Herder Verlag, Stuttgart, S. 153–156.
[19] Benkert, O. (2005). *Stressdepression – Die neue Volkskrankheit und was man dagegen tun kann.* Verlag C. H. Beck, München.
[20] Benkert, O. (2005). *Stress Depression.* Verlag C. H. Beck, München.
[21] Berg, S. (2005). Irgendwann ist's gut. *Das Magazin* 51/52, S. 46–50 (Beilage zur Basler Zeitung).
[22] Blachly, P. H.; Disher, W. & Roduner, G. (1968). Suicide by physicians. *Bull. Suicidol. Dec., S.* 1–18.
[23] Blum, D. (2003). Die Liebe, der Forscher, das Stofftier. *NZZ Folio* Nr. 8, S. 48–51.
[24] Brunnert, K. (1984). *Nostalgie in der Geschichte der Medizin.* Triltsch Verlag, Düsseldorf.
[25] Bryois, C.; Golaz, J.; Bondolfi, G.; Aubry, J.-M. & Bertschy, G. (2002). Psychiatrie. *Médecine et Hygiène* 60, 16. Januar 2002, S. 135–140.
[26] Bühring, P. (2006). 11 000 Tote sind zu viel. *Deutsches Ärzteblatt* 103, 22. September 2006, S. 2444.
[27] Burisch, M. (1989). *Das Burnout-Syndrom – Theorie der inneren Erschöpfung.* Springer Verlag, Berlin.
[28] Caplan, M. (2005). *Berühren heisst Leben.* Verlag Via Nova, Petersberg.
[29] „Deutsches Arztblatt“ (2004). In: Welttag zur Suizidprävention. *Schweiz. Ärztezeitung* 85, Nr. 39, S. 2063.
[30] Dinner, P. (2005). *Depression – 100 Fragen, 100 Antworten.* Huber Verlag, Bern.
[31] Dressing, H. & Gass, P. (2005). *Stalking! – Verfolgung, Bedrohung,* Belästigung. Verlag Hans Huber, Bern.
[32] Ernst, F. (1949). *Vom Heimweh.* Fretz u. Wasmuth Verlag, Zürich.
[33] Faust, V. (1997). *Depressionsfibel.* 3. erweiterte Auflage, Gustav Fischer, Stuttgart.
[34] Faust, V. (2005). Das Burnout-Syndrom. *Hospitalis*, 75, Nr. 2, S. 59–64.
[35] Fengler, J. (1991). *Helfen macht müde.* Pfeiffer bei Klett-Cotta, Stuttgart.
[36] Fiedler, P. & Fydrich, T. (2007). Stalking – Prävention und psychotherapeutische Intervention. *Psychotherapeut*, 2, S. 139–151.
[37] Gaab, J. & Ehlert, U. (2005). *Chronische Erschöpfung und Chronisches Erschöpfungssyndrom.* Hogrefe Verlag, Göttingen/Bern.
[38] Gabrysch, W. (2005). Parche, Günter. *NZZ Folio* 12, S. 56.
[39] Gasselsberger, K. (1982). Depressionsfördernde soziale und territoriale Faktoren von Heimweh-Reaktionen. *Ztschr. klin. Psychologie, Forschung und Praxis*, 11, S. 186–200.
[40] Gathmann, P. & Semran-Liniger, C. (1996). *Der verwundete Arzt.* Kösel Verlag, München.
[41] Geretsegger, C. (2005). Elektrokonvulsivtherapie. In: *Depressionstherapien*, Hrsg.: Lehofer, M. & Chr. Stuppäck, Thieme Verlag, Stuttgart, S. 59–64.

[42] Gerste, R. D. (2004). Wenn der Schlaf keine Erholung bringt. *NZZ*, 08. September 2004.

[43] Goldney, R. D. (2000). The privilege and responsibility of suicide prevention. *Crisis* 21/1, S. 8–15.

[44] Grobe, T.; Bramesfeld, A. & Schwartz, F.-W. (2006). Versorgungsgeschehen. In: *Volkskrankheit Depression?*, Hrsg.: Stoppe, G. et al., Springer Verlag, Berlin, S. 39–98

[45] Grom, B. (1996). *Religionspsychologie*. Kösel/Vandenhoeck & Ruprecht.

[46] Haack, H.-P. (1985). Häufigkeit der larvierten Depression. *medwelt*, 36, S. 1370–1373.

[47] Haenel, T., Kielholz, P. (1982). Larvierte Depression und Suizidalität. *Hexagon Roche* 10, Nr. 5, S. 2–7.

[48] Haenel, T. (1982). *Zur Geschichte der Psychiatrie – Gedanken zur allgemeinen und Basler Psychiatrie-Geschichte*. Birkhäuser Verlag, Basel.

[49] Haenel, T. (1986). Zur Geschichte der Depressionsbehandlung. *Schweiz. med. Wschr.* 116, S. 1652–1659.

[50] Haenel, T. (1989). *Suizidhandlungen – Neue Aspekte der Suizidologie*. Springer Verlag, Berlin.

[51] Haenel, T. (1993). Infusionstherapie mit Antidepressiva bei depressiven Patienten. *Schweiz. Rundschau Med. (PRAXIS)* 82, S. 213–216.

[52] Haenel, T. (2001). *Suizid und Zweierbeziehung*. Vandenhoeck & Ruprecht, Göttingen.

[53] Haenel, T. (2002). Nach einem Suizid. Newsletter: Informationen der SGKS. *Soziale Medizin* 1, S. 29–30.

[54] Haenel, T. (2003). Jakob Klaesi zum 120. Geburtstag. *Nervenarzt* 74, S. 471–475.

[55] Haenel, T. (2005). *Keine Angst vor der Couch! Warum Religion Psychotherapie verträgt*. Kösel Verlag, München.

[56] Hättenschwiler, J. (2004). Die Psychiatrie wird immer wichtiger! Editorial, *Neuroscience*, März/April 2004, S. 1–2.

[57] Harbauer, H.; Lempp, R.; Nissen, G. & Strunk, P. (1974). *Lehrbuch der speziellen Kinder- und Jugendpsychiatrie*. 2. überarbeitete Auflage, Springer Verlag, Berlin/Heidelberg.

[58] Harder, F. & Tschan, W. (2004). Die posttraumatische Belastungsstörung in der hausärztlichen Praxis. *Schweiz. Med. Forum* 4, S. 392–397.

[59] Harlow, H. S. & Harlow, M. K. (1967). Reifungsfaktoren im sozialen Verhalten. *Psyche* 21, S. 193.

[60] Hegerl, U.; Althaus, D. & Reiners, H. (2005). *Das Rätsel Depression – eine Krankheit wird entschlüsselt*. C. H. Beck Verlag, München.

[61] Hell, D. (1992). *Welchen Sinn macht Depression?* Rowohlt Verlag, Reinbek bei Hamburg.

[62] Hochstrasser, B. (2006). Der Zwang zur Gewinnsteigerung setzt alle unter Druck. *Gesundheit Sprechstunde* Nr. 23, Dezember 2006, S. 8–10.

[63] Hochstrasser, B. (2007). Raubbau an den eigenen Kräften verursacht Burnout. *Wendepunkt 1*, S. 5–6.

[64] Hofecker Fallahpour, M. et al. (2001). Gruppentherapie für depressive Mütter. In: *Psychische Erkrankungen bei Frauen – Für eine geschlechtersen-*

sible Psychiatrie und Psychotherapie, Hrsg.: Riecher-Rössler, A. & Rhode, A., Karger, Basel, S. 307–320.

[65] Hofecker Fallahpour, M. & Riecher-Rössler, A. (2003). Depression in der frühen Mutterschaft – Erschöpft, gereizt und überängstlich. *Neurotransmitter Sonderheft* 2, S. 35–39.

[66] Hoffmann, J. (2006). *Stalking.* Springer Medizin Verlag, Heidelberg.

[67] Hoffmann, K. & Ebner, G. (2006). Psychotherapie: Langzeitbehandlung versus Kostenneutralität. *Schweiz. Ärztezeitung* 87, 23, S. 1046–1047.

[68] Hoffmann-Richter, U. (2000). *Psychiatrie in der Zeitung – Urteile und Vorurteile.* Psychiatrie Verlag (Edition Das Narrenschiff), Bonn.

[69] Jockers, K. Die Entdeckung eines Syndroms – *Medical Tribune,* Nr. 47, 25. November 2005.

[70] Josephy, S.; Haenel, T. & Ritz, R. (1995). Katamnese bei 109 Patienten nach Suizidversuch. *Intensivmed.* 32, S. 205–213.

[71] Kielholz, P. (1974). Ergebnisse der Umfrage in der Schweiz. In: *Die Depression in der täglichen Praxis,* Hrsg.: ders., Hans Huber Verlag, Bern, S. 150–151.

[72] Kielholz, P. (1978). Weihnachten – die programmierte Depression? *Basler Magazin* Nr. 51, 23. Dezember 1978.

[73] Kielholz, P. (1983). Heutige Depressionsbehandlung. *Ther. Umschau* 40, S. 788–796.

[74] Kiev, A. (1970). New directions for suicide prevention centers. *Am. J. Psychiatry* 127, S. 78–88.

[75] Kittl, B. (2006). Guter Stoff. *NZZ Folio: Zucker,* Zeitschrift der Neuen Zürcher Zeitung, März 2006.

[76] Kind, H. (1982). *Psychotherapie und Psychotherapeuten – Methoden und Praxis.* Thieme Verlag, Stuttgart.

[77] Klaesi, J. (1952). Psychotherapie in der Klinik. *Mschr. Psychiat. Neurol.* 124, S. 334–353.

[78] Knecht, T. (2005). Psychiatrische Aspekte des Internets. *Schweiz. Ärztezeitung* 86, Nr. 29/30, S. 1806–1811.

[79] Knecht, Th. (2005). Die posttraumatische Belastungsstörung – Erlebnisse als Krankheitsursache. *Hospitalis,* 75, Nr. 6, S. 255–260.

[80] Knecht, T. (2005). Stalking – Erotomanie im neuen Gewand? *Schweiz. Med. Forum* 5, S. 171–176.

[81] Knoller, R. (2005). *Stalking – wenn Liebe zum Wahn wird.* Schwarzkopf und Schwarzkopf Verlag, Berlin.

[82] Kreilhuber, A. (2004). Bericht der American Psychiatric Association: Tagung vom 1.–6. Mai 2004, New York. *Leading Opinions Neurologie und Psychiatrie* 4, S. 36.

[83] Kutscher, K. (2004). Werther u. Co. – Notizen zum Thema „Suizid in der Literatur". *Suizidprophylaxe* 31, S. 104–116.

[84] Lamnek, S. & Tretter, F. (1991). Psychisch Kranke und Psychiatrie im Meinungsbild der Münchner. *Krankenhauspsychiatrie* 2, S. 1–5.

[85] Leweke, F.; Milch, W.; Horning, C. R.; Brosig, B.; Klett, R. & Reimer, C. (2001). Ein Patient mit Golfkriegs-Syndrom? – Zur Diskussion eines unklaren Krankheits-Bildes. *Nervenarzt* 72, S. 541–545.

[86] Loevenich, A.; Schmidt, R. & Schifferdecker, M. (1996). Ärzte als Patienten – zur Problematik des psychisch kranken Arztes. Fortschr. *Neurol. Psychiat.* 64, S. 344–352.

[87] Luban-Plozza, B. & Pöldinger, W. (1972). *Der psychosomatisch Kranke in der Praxis.* Editiones Roche, Basel.

[88] Maslach, C. & Leiter, M. P. (2001). *Die Wahrheit über Burnout.* Springer Verlag, Wien/New York.

[89] Maercker, A. (2004). Die Psychologie der Erschütterung und ihre therapeutischen Konsequenzen. In: *Festschrift der Dr. Margrit Egnér-Stiftung: „Psychotraumatologie"*, Hrsg.: Dr. Margrit Egnér-Stiftung, 11. November 2004.

[90] Mäulen, B. (2002). Warum bringen sich so viele Ärzte um? *MMW-Fortschr. Med.* Nr. 10, S. 4–10.

[91] Meincke, U. (2004). Was hellt die Stimmung sicher auf? Depression bei Herzkranken behandeln. *Nervenheilkunde* 23, S. 588–592.

[92] Meyer, A. (1957). *Psychobiology: A Science of Man.* Charles C. Thomas, Springfield.

[93] Meyer, T. D. (2005). *Manisch-depressiv? Was Betroffene und Angehörige wissen sollten.* Beltz Verlag, Weinheim/Basel.

[94] Michel, K. (2006). Psychiatrie und Psychotherapie sind (endlich) auf das Gehirn gekommen. *Schweiz. Med. Forum* 6, S. 569–575.

[95] Michel, K. (2006). Persönliche Mitteilung vom 30. Oktober 2006.

[96] Mikoteit, T. & Hatzinger, M. (2006). Angststörungen – Diagnostik, ätiopathogenetische Modelle und Therapieansätze. *Psychiatrie u. Neurologie* 3, 29. September 2006, S. 11–19.

[97] Modestin, J. (1985). Antidepressive therapy in depressed clinical studies. *Acta Psychiatr. Scand.*, 71, S. 111–116.

[98] Müller-Spahn, F. & Eckert, A. (2005). Psychopharmakotherapie im Alter. *InFo Neurologie und Psychiatrie* 3, S. 34–38.

[99] Müller-Spahn, F. (2006). *Die larvierte Depression.* Symposium in Graz, 12. und 13. Mai 2006.

[100] NN (2006). Studieren nur noch Trinker Medizin? *Medical Tribune*, 24.03.2006.

[101] NN (1999). *Das Beste aus Readers Digest.* September 1999, S. 17.

[102] Nuber, U. (1991). *Die verkannte Krankheit Depression.* Kreuz Verlag, Zürich.

[103] Nutt, D.; Davidson, J. R. T. & Zohar, J. (2002). *Posttraumatic Stress Disorder – Diagnosis, management and treatment.* Martin Dunitz, London.

[104] Ots, T. (2005). Akupunktur. In: *Depressionstherapien*, Hrsg.: Lehofer, M. & Chr. Stuppäck, Thieme Verlag, Stuttgart.

[105] Pathé, M. & Mullen, P. E. (1997). The impact of stalkers on their victims. *Brit. J. Psychiat.* 170, S. 12–17.

[106] Peters, U. H. (1997). *Wörterbuch der Psychiatrie und medizinischen Psychiatrie.* Bechtermünz Verlag im Weltbild Verlag, Augsburg.

[107] Pöldinger, W. (1968). *Die Abschätzung der Suizidalität.* Verlag Hans Huber, Bern.

[108] Pöldinger, W. (1981). Der therapeutische Zugang zu depressiven und suizidalen Patienten. *Schweiz. Ärztezeitung* 62, S. 1113–1118.

[109] Pöldinger, W. (1991). Das Antlitz der Depression. *Schweiz. Rundschau Med. (PRAXIS)* 80, S. 961–965.

[110] Reimer, C. et al. (2005). Suizidalität bei Ärztinnen und Ärzten. *Psychiatr. Prax.* 32, S. 381–385.

[111] Reimer, C.; Jurkat, H. B.; Vetter, A. & Raskin, K. (2005). Lebensqualität von ärztlichen und psychologischen Psychotherapeuten. *Psychotherapeut* 2, S. 107–114.

[112] Rickenbacher, P. & Krapf, R. (2006). Herzinfarkt durch Stress – die individuelle Prädisposition entscheidet. Editorial, *Schweiz. Med. Forum*, 6, S. 711.

[113] Riecher-Rössler, A. & Hofecker Fallahpour, M. (2003). Depressive Erkrankungen in der Postpartalzeit. *Die Hebamme* 16, S. 52–57.

[114] Riecher-Rössler, A. & Hofecker Fallahpour, M. (2003). Die Depression in der Postpartalzeit: eine diagnostische und therapeutische Herausforderung. *Schweiz. Arch. Neurol. Psychiat.* 154, S. 106–115.

[115] Riemann, D.; Voderholzer, U. & Berger, M. (2005). Schlafentzug und Schlaf-Wach-Manipulation. In: *Depressionstherapien*, Hrsg.: Lehofer, M. & Chr. Stuppäck, Thieme Verlag, Stuttgart, S. 54–58.

[116] Ringel, E. (1953). *Der Selbstmord, Abschluss einer krankhaften psychischen Entwicklung.* Mandrich, Wien.

[117] Ringel, E. (1969). *Selbstmordverhütung.* Hans Huber, Bern.

[118] Ringel, E. (1984). Der Arzt und seine Depressionen. In: *Somatisierte Angst und Depressivität*, Hrsg.: Pöldinger, W., Karger Verlag, Basel, S. 109–136.

[119] Ross, M. (1973). Suicide among physicians. *Dis. Nerv. Syst.* 3, S. 145–150.

[120] Rutter, M. (2006). Die psychischen Auswirkungen früher Heimerziehung. In: *Kinder ohne Bindung*, Hrsg.: K. H. Brisch & Th. Hellbrügge, Klett-Cotta Verlag, Stuttgart.

[121] Schäfer, U.; Rüther, E. & Sachsse, U. (2006). *Hilfe und Selbsthilfe nach einem Trauma.* Vandenhoeck u. Ruprecht, Göttingen.

[122] Schäfer, U. & Rüther, E. (2006). *Psychopharmakotherapie.* Vandenhoeck u. Ruprecht, Göttingen.

[123] Schaub, B. (2005). Erschöpfte Patientinnen. *Medical Tribune,* Nr. 45, 11. November 2005.

[124] Schelosky, S. (2005). Ursachen und Therapie des Chronic-Fatigue-Syndroms – Wie Sie die „leeren Batterien" wieder aufladen. *Info Neurologie u. Psychiatrie* Vol. 3, Nr. 4, S. 48–49.

[125] Schmid-Cadalbert, C. (1993). Heimweh oder Heimmacht. *Schw. Arch. Volkskunde* 89, S. 69–85.

[126] Schmidbauer, W. (1977). *Die hilflosen Helfer.* Rowohlt, Reinbek bei Hamburg.

[127] Schmidtke, A. & Häfner, H. (1986). Die Vermittlung von Selbstmordmotivation und Selbstmordhandlung durch fiktive Modelle – Die Folge der Fernsehserie „Tod eines Schülers". *Nervenarzt* 57, S. 502–510.

[128] Schnyder, U. (2004). Psychosoziale Nothilfe: wann, wie und wozu? In: *Festschrift der Dr. Margrit Egnér-Stiftung: „Psychotraumatologie"*, Hrsg.: Dr. Margrit Egnér-Stiftung, 11. November 2004.

[129] Schöpf, J. (2003). *Bipolare affektive Krankheiten.* Steinkopff Verlag, Darmstadt.

[130] Schott, H. & Tölle, R. (2006). *Geschichte der Psychiatrie.* C. H. Beck Verlag, München.

[131] Schuppli, St. (2004). Schlecht motiviert ist die Regel. *Basler Zeitung,* 11. November 2004.

[132] Sivojelezova, A.; Shuhaiber, S. & Sarkissian, L. (2005). Citalopram use in pregnancy: prospective comparative evaluation of pregnancy and fetal outcome. *Am. J. Obstet. Gyneco,* 193, S. 2004–2009.

[133] Spitz, R. A. (1974). *Vom Säugling zum Kleinkind.* 4. Auflage, Klett-Verlag, Stuttgart.

[134] Starobinski, J. (1960). Geschichte der Melancholiebehandlung von den Anfängen bis 1900. *Acta psychosomatica, Documenta Geigy,* J. R. Geigy AG, Basel.

[135] Strike, P. C.; Magid, K. & Whitehead, D. L. (2006). Pathophysiological process underlying emotional triggering of acute cardiac events. *Proc. Nat. Acad. Sci. USA* 103, S. 4322–4327.

[136] Stronegger, P. (2007). Persönliche Mitteilung vom April 2007.

[137] Stumpfe, K. D. (1973). *Der psychogene Tod.* Hippokrates Verlag, Stuttgart.

[138] Sullivan, H. S. (1953). *The interpersonal theory of psychiatry.* Norton, New York.

[139] Taverna, E. (2006). Auf der Couch. *Schweiz. Ärztezeitung* 33, 16. Juni 2006, S. 1432.

[140] Thurber, C. A. (1995). The experience and expression of homesickness in preadolescent and adolescent boys. *Child Development* 66, S. 1162–1178.

[141] Tschan, W. *Posttraumatische Belastungsstörungen im Praxisalltag: Erkennen – Verstehen – Behandeln.* Unveröffentliches Manuskript.

[142] Tschan, W. (2005). *Missbrauchtes Vertrauen.* 2. neu bearbeitete u. erweiterte Auflage, Karger Verlag, Basel.

[143] Uhl, M. (2004). PTSD bei Holocoust-Überlebenden – Zwischen Trauer und Schuldgefühl. *Leading Opinions, Neurologie u. Psychiatrie,* 5/2004, S. 16–17.

[144] Uslucan, H. (2007). Heimweh und neue Heimat: Psychische Adaptionsprobleme türkischer Migranten. *Suizidprophylaxe* 34, S. 33–37.

[145] Vaillant, G. E.; Sobowale, N. C. & Mc Arthur, C. (1972). Some psychologic vulnerabilities of physicians. *New. Engl. J. Med.* 287, Nr. 8, S. 372–375.

[146] Van Tilburg, M. A. & Vingerhoets, A. J. (1996). Homesickness: a review of the literature. *Psychological Medicine* 26, S. 899–912.

[147] Verschuur, M.; Eurelings-Bontokoe, E. & Spinhoven, P. (2004). Associations among homesickness, anger, anxiety and depression. *Psychological Reports* 94, S. 1155–1170.

[148] Vollmer, H. (2005). Melatonin – Hormon der Dunkelheit. *Medizin – Antiaging news* (Sonderdruck) 11, S. 2–8.

[149] von Rottenburg, T. (2005). Öldispersionbäder. In: *Depressionstherapien*, Hrsg.: Lehofer, M. & Chr. Stuppäck, Thieme Verlag, Stuttgart, S. 32–37.
[150] Wäffler, M. (2006). Psychotherapieverordnung: Offener Brief an einen Kollegen. *Schweiz. Ärztezeitung* 33, 16. August 2006, S. 1402.
[151] Werder, A. (2006). Update Angsterkrankungen. *Aktuell, Psychiatrie u. Neurologie*, 6, S. 10–11.
[152] Werneke, U.; Horn, O. & Taylor, D. M. (2004). How effective is St. John's Wort? The evidence revisited. *J. Clin. Psychiatry* 65, S. 611–617.
[153] Wiese, A. (1999). Die Tötung des eigenen Kindes als erweiterter Suizid. In: *So habe ich doch was in mir, das Gefahr birgt*, Hrsg.: Fiedler, G. & Lindner, R., Göttingen.
[154] Willi, J. (1983). Higher incidence of physical and mental ailments in future psychiatrists as compared with future surgeons and internal medical specialists at military conscription. *Soc. Psychiatry* 18, S. 69–72.
[155] Winkler, D. & Pjrek, E. (2005). Lichttherapie. In: *Depressionstherapien*, Hrsg.: Lehofer, M. & Chr. Stuppäck, Thieme Verlag, Stuttgart, S. 48–53.
[156] Wirz-Justice, A. & Graw, P. (2000). Lichttherapie. *Therapeut. Umschau* 57, S. 71–75.
[157] Wirz-Justice, A. (2004). Chronopharmakologie. *Schweiz. Ärztezeitung* 85, Nr. 36, S. 1911–1912.
[158] Wolfersdorf, M. (2000). *Der suizidale Patient in Klinik und Praxis.* Wissenschaftl. Verlagsgesellschaft GmbH, Stuttgart.
[159] Wolfersdorf, M. (2006). *Suizidalität.* Hrsg: Stoppe, G. et al. Springer Verlag, Berlin.
[160] Zapotocky, H. G. (2003). Psychotherapie. In: *Psychiatrie u. Psychotherapie*, Hrsg.: Gastpar, M.; Kasper, S. & Linder, M., 2. Auflage, Springer Verlag Wien/New York, S. 385–399.
[161] Zerbin-Rüdin, E. (1969). Zur Genetik der depressiven Erkrankungen. In: *Das depressive Syndrom*, Hrsg.: Hippius, H. & Selbach, H., Urban und Schwarzenberg, München/Berlin/Wien, S. 37.
[162] Ziehlmann, J. (2005). Die Zeitschrift „Beobachter" sucht junge Patientinnen. *Schweiz. Ärztezeitung* Nr. 22, 01. Juni 2005.
[163] Zohar, J. (2004). Posttraumatische Belastungsstörung – Experte trennt Mythen von Fakten. *Medical Tribune Kolloquium*, Nr. 11, S. 12–13.
[164] Zweig, St. (1984). Untergang eines Herzens. In: *Verwirrung der Gefühle*, Hrsg.: ders., Fischer Taschenbuchverlag, Frankfurt am Main.